BIBLIOTHÈQUE DU JARDINIER

LE ROSIER

CULTURE ET MULTIPLICATION

Par J. LACHAUME

HORTICULTEUR A VITRY-SUR-SEINE

Ouvrage orné de 34 gravures

PARIS

LIBRAIRIE AGRICOLE DE LA MAISON RUSTIQUE

26, RUE JACOB, 26

LE ROSIER

Typographie Firmin-Didot. — Mesnil (Eure).

BIBLIOTHÈQUE DU JARDINIER

LE ROSIER

CULTURE ET MULTIPLICATION

PAR

J. LACHAUME

HORTICULTEUR A VITRY (SEINE)

Troisième édition

OUVRAGE ORNÉ DE 34 GRAVURES

PARIS

LIBRAIRIE AGRICOLE DE LA MAISON RUSTIQUE

26, RUE JACOB, 26

1878

Typographie Firmin-Didot. — Mesnil (Eure).

BIBLIOTHÈQUE DU JARDINIER

LE ROSIER

CULTURE ET MULTIPLICATION

PAR

J. LACHAUME

HORTICULTEUR A VITRY (SEINE)

Troisième édition

OUVRAGE ORNÉ DE 34 GRAVURES

PARIS

LIBRAIRIE AGRICOLE DE LA MAISON RUSTIQUE

26, RUE JACOB, 26

1878

PRÉFACE

La première édition du *Rosier* s'est écoulée rapidement, et le succès qu'on a bien voulu faire à ce petit
livre m'imposait le devoir d'apporter à cette nouvelle
édition tout le soin nécessaire pour que mon ouvrage
demeurât à la hauteur du progrès. J'ai dû compléter la
théorie de la multiplication du Rosier par l'exposé de
greffes nouvelles, modifier la culture forcée qui fait tous
les jours de nouveaux progrès et se propage de plus en
plus ; j'ai indiqué tout ce qu'une expérience journalière
m'avait appris de nouveau sur les insectes nuisibles ou
utiles au Rosier ; enfin, aux anciennes variétés recom-
mandables de Rosiers, j'ai ajouté toutes les variétés les
plus remarquables que les horticulteurs ont récemment
créées.

J'offre avec confiance au public cette nouvelle édition,
qui, je l'espère, ne sera pas inutile aux jeunes horticulteurs qui aiment l'étude et veulent sonder les mystères pleins de charme de la multiplication des plantes.

J'espère aussi que plus d'un amateur prendra intérêt
à mon travail ; le sujet s'y prête.

Est-il dans un jardin, petit ou grand, une fleur qui
surpasse la Rose ? La Rose a tout pour elle : beauté des

1

formes, richesse de coloris, suavité de parfum ; elle a de plus l'universalité des suffrages ; car, depuis que l'homme est sur cette terre, il a aimé la Rose toujours et partout ; les poëtes l'ont chantée sur tous les tons ; elle est le terme des comparaisons les plus gracieuses ; bref, malgré les conquêtes nouvelles, malgré le mérite incontestable de cent autres fleurs, la Rose est restée la reine des jardins, l'emblème de la jeunesse et de la grâce féminine.

Plus que toute autre fleur, la Rose adoucit les amertumes de l'âme ulcérée par le chagrin, et distrait l'esprit fatigué par des travaux assidus ; la vue seule de cette gracieuse fleur repose et console ; son coloris fascine, et son parfum enivrant nous transporte bien loin dans le pays des roses. On redevient gai, heureux, et, selon l'expression imagée du langage populaire : *on voit tout en rose.*

Quoi de plus légitime que de chercher à doubler de pareilles jouissances par la culture de ce précieux arbuste ? Mais la culture qui ne reposerait pas sur les données certaines de l'étude serait stérile, et c'est pour éviter aux jeunes horticulteurs les déboires de tentatives infructueuses que je leur apporte le résultat d'une longue expérience pratique. Si je ne leur donne pas la clé de tous les mystères, du moins les aurai-je mis à même de lire dans ce grand livre de la nature dont quelques feuillets seulement se tournent dans un siècle.

L'expérience des pères, dit-on, est perdue pour les enfants ; ce sont les pessimistes qui affirment cette désolante maxime : faisons-les mentir. Acceptez, mes jeunes amis, le fruit de mon travail ; usez-en : c'est votre bien ; mais rappelez-vous que ce que nous avons reçu de nos anciens n'est, en quelque sorte, qu'une ferme intellectuelle dont nous sommes les usufruitiers : il nous faut améliorer le fonds pour le transmettre plus parfait à nos enfants. C'est là la grande loi du travail ; l'humanité, dont l'homme n'est qu'un élément, doit toujours travailler, toujours progresser ; c'est aussi la loi de charité, car par cette solidarité d'étude, les génies d'une génération profitent aux générations suivantes. Travail et charité, voilà les deux plus puissants mobiles du monde actuel, disait, il y a quelques jours, une voix éloquente sortie d'un cœur généreux.

Puisque j'écris sur les Roses, j'espère avoir quelques lectrices. Les Roses naissent sous vos pas, Mesdames ; du moins on l'a dit. Malgré cela, curieuses filles d'Ève, vous voudrez peut-être savoir comment elles naissent dans nos jardins, comment elles y vivent, comment elles y aiment. L'étude n'est pas sans danger ; bien des jolis doigts se sont piqués depuis le jour où le sang de la Reine des Amours a versé son incarnat sur les pétales de la reine des fleurs. Constatons cependant qu'il y a progrès ; déjà certaines variétés sont débarrassées de ces terribles aiguillons crochus qui menaçaient les mains délicates, mais tout n'est pas fait. Si l'on ne peut plus dire d'une manière absolue qu'il n'y a pas de roses sans épines, il est toujours vrai qu'il n'y a pas de plaisir sans peines.

L'ordre suivi dans le classement des matières est des plus simples; l'ouvrage est partagé, en cinq cha-pitres.

Le premier chapitre donne des considérations géné-rales jugées indispensables, et groupées ensemble pour ne pas embarrasser la description des méthodes spéciales.

Le deuxième chapitre est une étude sur l'Églantier, qui joue un rôle capital dans la culture du Rosier.

Le troisième chapitre, qui est le corps de l'ouvrage, décrit tous les genres de multiplication du Rosier. Chaque procédé est développé pas à pas, en suivant les opéra-tions de la pratique.

Le quatrième chapitre traite de la taille et de la con-duite des Rosiers dans les jardins.

Il donne quelques notions sur l'emploi des Rosiers au point de vue de l'ornementation des jardins et de l'em-bellissement des appartements. Ce chapitre est plus spé-cialement destiné aux amateurs.

Enfin, le cinquième chapitre parle des insectes et ani-maux nuisibles ou utiles dans la culture du Rosier.

LE ROSIER

CULTURE ET MULTIPLICATION

CHAPITRE PREMIER.

CONSIDÉRATIONS GÉNÉRALES.

§ 1er. — De la nature des terres propres à la culture du Rosier.

Le Rosier s'accommode de presque tous les terrains ; cependant il ne pousse pas également bien dans tous. Les terres fortes, argileuses, avec sous-sol imperméable, sont celles qui lui conviennent le moins ; les racines sont trop délicates pour s'y frayer passage, et elles se pourrissent dans l'humidité souterraine. Les terres légères, calcaires ou siliceuses, ayant 35 à 40 centimètres de profondeur, avec sous-sol perméable, sont très-convenables, surtout quand on les stimule avec un peu d'engrais.

Il ne faut pas toujours juger de la convenance de la terre

par la beauté de la végétation. Dans des terres fortes, riches,
le Rosier peut trop bien pousser, sa végétation peut se pro-
longer très-avant dans la saison, et alors les jeunes rameaux
sont exposés à être saisis par les premières gelées avant
d'être parfaitement aoûtés. Dans un terrain plus léger, plus
maigre, la végétation s'arrête plus tôt, et les nouvelles pousses
sont convenablement aoûtées quand arrivent les premiers
froids.

Il est à remarquer aussi que les Rosiers greffés sur églantiers sont plus vigoureux, plus rustiques que ceux des mêmes
variétés *franc de pied.*

§ 2. — Défoncement du sol.

Le terrain destiné aux Rosiers doit être défoncé à une profondeur de 35 à 40 centimètres. Ce travail doit autant que
possible être fait à l'automne pour les plantations du printemps. Les terres auront eu par là le temps de se tasser et
de reprendre leur niveau.

Nous n'entrons pas dans le détail du défoncement; ce travail se conduit de la même manière, quelle que soit la culture;
rappelons seulement qu'il faut en profiter pour purger la
terre de toutes les mauvaises herbes, et rechercher les vers
blancs. Il est bon de stimuler le zèle des ouvriers en augmentant le salaire quand il y a destruction de ces larves. A Vitry,
pour le *défonçage à plant,* réglé à 35 centimètres de profondeur, les tâcherons reçoivent 100 fr. par arpent (34 ares
19 centiares), plus 10 fr. pour les vers blancs.

§ 3. — Serre à multiplication.

Nous parlerons souvent dans le cours de cet ouvrage de
la serre à multiplication, et nous croyons devoir dire, dès à

présent, dans quelles conditions elle doit être construite pour donner de bons résultats.

La serre à multiplication n'étant pas une serre de luxe, tout dans sa construction doit être subordonné à ces deux conditions : avoir le plus de lumière ou le plus de chaleur au meilleur marché possible.

Le croquis ci-joint (fig. 1) donne le profil d'une serre qui nous semble réunir les conditions demandées.

La serre est adossée et à un seul versant; l'inclinaison de la partie vitrée est de un demi. La ferme est formée par un madrier de champ, reposant sur une jambe verticale qui s'appuie sur un petit mur faisant saillie de 20 centimètres au-dessus du sol.

Le madrier est entaillé à sa partie inférieure pour recevoir un châssis de 1m 66 de longueur; un deuxième châssis de 1m 66 se place au-dessus du premier et le recouvre de 3 centimètres; une planche de 40 centimètres complète la clôture. La partie verticale entre les jambes de support, et qui a 50 centimètres intérieurement, est vitrée et peut s'ouvrir de dedans en dehors.

La largeur intérieure est de 3m 10 et ainsi partagée : contre le vitrage une bâche de 1m 10 pouvant recevoir trois rangs de cloches, le mur de soutien de la bâche en briques de 5 centimètres, une allée de 80 centimètres; un mur de soutien de 5 centimètres, une seconde bâche de 1m 10.

Le sol de l'allée est à 60 centimètres en contre-bas du sol naturel; la bâche de devant est à 80 centimètres au-dessus du sol de l'allée; la bâche de derrière a 90 centimètres (1).

Nous ne parlons pas du mode de chauffage artificiel; chacun peut adapter à sa serre celui qu'il croit le plus convenable à sa culture. Dans beaucoup de cas, un réchaud de fumier

_____

(1) Le mur de fond a 1m 90 au-dessus de la bâche; on pourra y placer deux rangs de tablettes.

contre le petit mur, de la tannée sur les bâches, et de bons
paillassons suffisent.

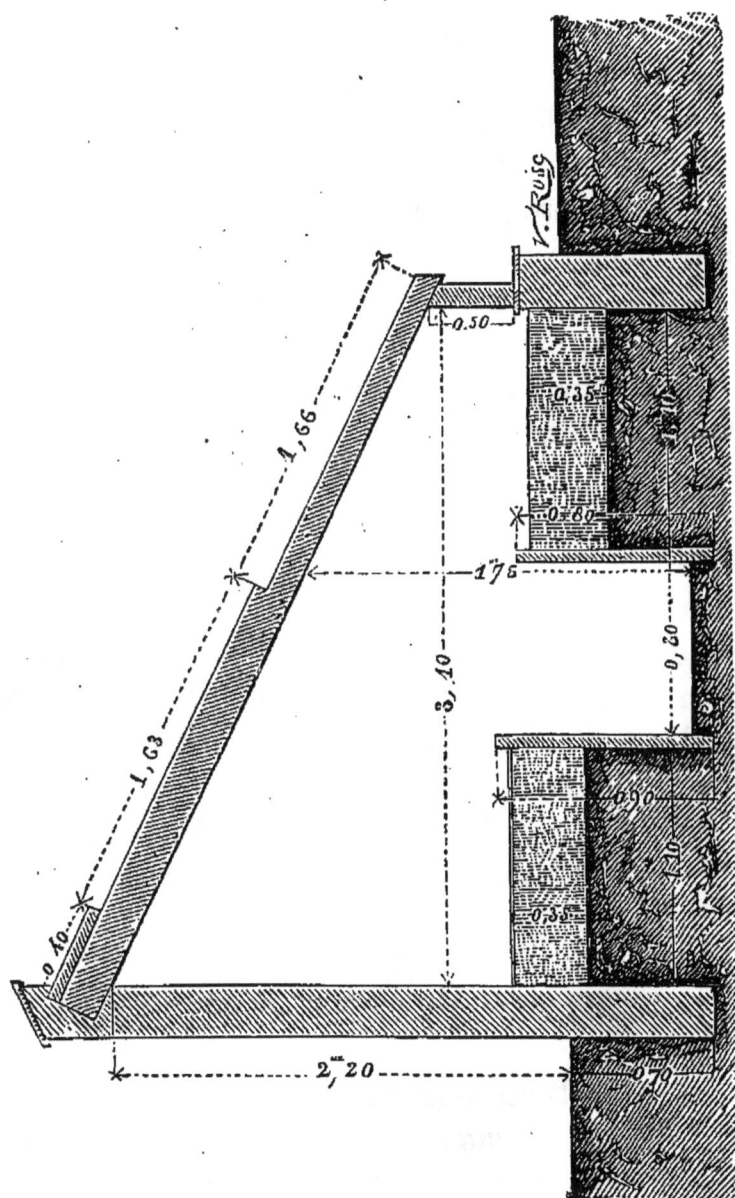

Fig. 1. — Coupe d'une serre à multiplication.

Du nombre de châssis dépendra la longueur de la serre qui
pourra, sous ce rapport, répondre à tous les besoins.

Si on peut faire précéder la porte par un tambour ou toute

autre construction qui puisse servir de laboratoire, ce sera
mieux. La serre sera plus chaude et le travail plus facile.

Dans le cours de l'ouvrage, on parlera souvent de l'emploi
des cloches pour les boutures; cependant nous recommandons
le procédé suivant, introduit depuis quelque temps.

On remplace les cloches par de petits coffres en bois blanc
recouverts par des feuilles mobiles de verre double. Les
coffres ont 20 centimètres de hauteur sur le devant et 30 centimètres sur le derrière ; quant à leur largeur et à leur longueur, elles sont déterminées par les dimensions du verre dont
on peut disposer. Une feuille de verre du commerce, de 1m 08
sur 42 centimètres, partagée en deux, couvre sans perte une
travée de coffre. Dans ce cas, le devant et le derrière du coffre
doivent être réunis par deux barres assemblées à queue pour
porter le verre.

Nous ne faisons qu'indiquer la construction de ces coffres,
chacun devant les faire selon ses besoins ; mais nous recommandons leur emploi au point de vue de la culture : ils tiennent moins de place que les cloches; les boutures sont plus
près du verre ; la chaleur se concentre plus facilement, et le
service est plus facile. En effet, pendant qu'on soigne et nettoie les plantes, les feuilles de verre sont placées debout dans
le sentier de la serre, et la buée s'écoule d'elle-même, sans
qu'il soit besoin d'essuyer comme avec les cloches.

§ 4. — Instruments pour la taille et la greffe du Rosier.

Le sécateur (fig. 2) est une espèce de petite cisaille à res-
sorts, composée d'une lame et d'un crochet qui arrête et
maintient la branche pendant que la lame la coupe.

Cet outil est très-meurtrier; la pression du crochet écrase les
fibres de l'écorce, souvent même celles de l'aubier, et laisse une
plaie contuse qui empêche l'aire de la coupe de se recouvrir.

Pour atténuer ce défaut grave, il faut toujours placer le crochet en dessus, de manière à ce que l'effet principal de la pression porte sur la partie supérieure de la branche, c'est-à-dire sur la partie qui est retranchée.

Le sécateur de la figure 2 a 20 centimètres de longueur; la lame fait corps avec le manche, ainsi que le crochet; ces parties doivent être plutôt allongées qu'arrondies, et surtout bien ajustées et de bonne trempe.

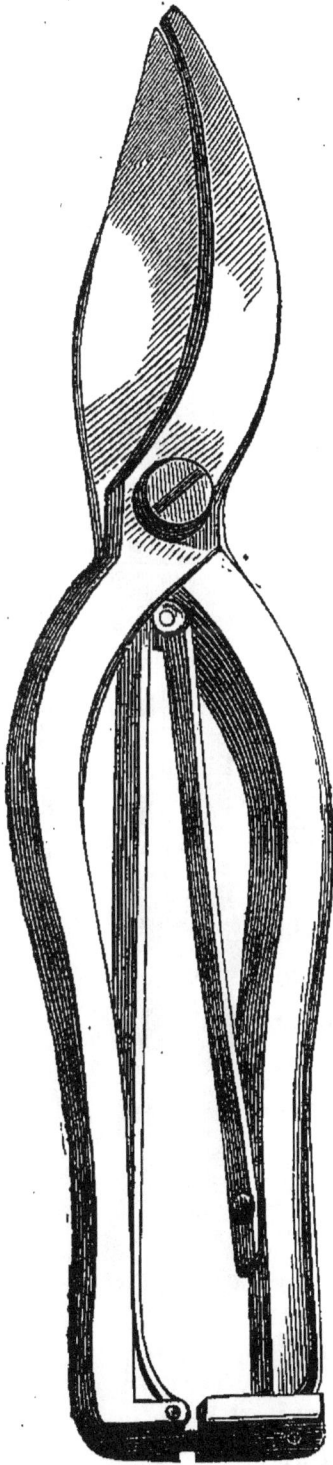

Égohine. — L'égohine (fig. 3) est une petite scie à main de 25 centimètres de longueur, avec un manche de bois pour recevoir la lame. Son usage est de supprimer les grosses branches et celles qui sont mortes. Lorsque l'amputation est faite, il faut parer la coupe à la serpette et la recouvrir de cire à greffer, pour la mettre à l'abri du contact de l'air, ce qui favorise le recouvrement.

Fig. 2. — Sécateur.

Fig. 3. — Égohine.

Serpette. — La serpette représentée par la figure 4 est connue sous le nom de serpette à ébourgeonner; son manche en corne de cerf mesure 9 centimètres de longueur sur 2 centimètres de diamètre à la base; il est garni aux deux extrémités de plaques d'acier qui augmentent la solidité de l'outil. La lame en acier fondu est de forme dite *anglaise;* elle a 7 centimètres de longueur et 3 millimètres d'épaisseur au dos. Son prix est de 3 fr. 50 à 4 fr.

Un autre genre de serpette très en usage est la serpette à manche de bois, qui ne coûte que 1 fr. 50 et 1 fr. 25, prise à la douzaine, et qui est très-convenable quand la lame est faite par un bon coutelier.

L'une et l'autre de ces serpettes sont indispensables à celui qui cultive les Rosiers, pour

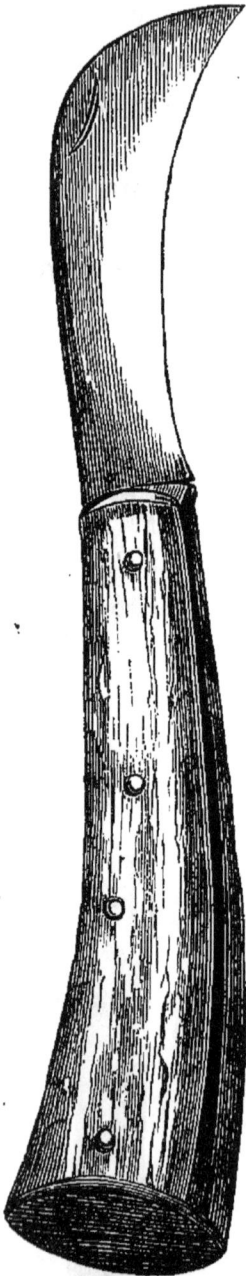

Fig. 4. — Serpette.

Fig. 5. — Greffoir à spatule mobile.

supprimer les bourgeons, enlever les onglets, couper les liens.

Greffoir. — Cet instrument varie beaucoup dans sa forme et sa longueur; il peut être à spatule fixe ou à spatule mobile.

Le greffoir représe nté par la figure 5 est à spatule mobile. Le manche, en corne de cerf, mesure 85 millimètres de longueur sur 16 millimètres de largeur; la lame a 60 millimètres de longueur sur 12 millimètres de largeur et 15 millimètres à la partie arrondie. La lame doit être en acier très-fin et avoir un tranchant très-affilé. La spatule a 12 centimètres de longueur sur 1 centimètre de largeur.

§ 5. — Étiquettes.

Il est fort utile et non moins agréable que chaque Ro-

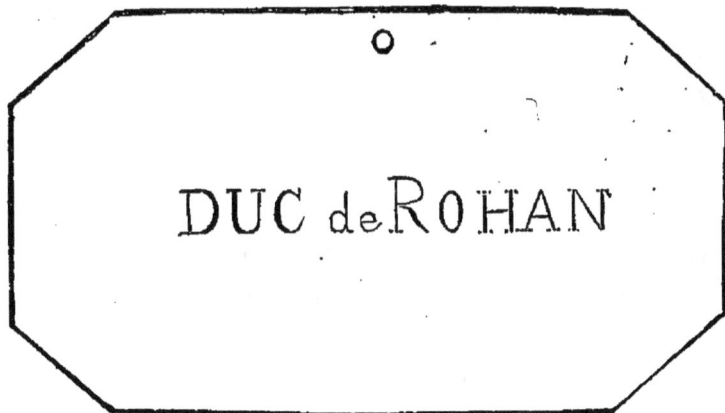

Fig. 6. — Étiquette métallique.

sier porte son nom sur une étiquette en zinc ou en bois.

On peut faire soi-même les étiquettes en zinc en les taillant avec une cisaille dans des chutes ou rognures; elles ont ordinairement les dimensions ci-contre (fig. 6).

On écrit avec une plume d'oie ou de métal avec l'encre dont la composition est indiquée ci-dessous.

Avant d'écrire, on décape le zinc en le lavant avec de l'acide sulfurique étendu de quatre fois son volume d'eau ; on laisse sécher, puis on saupoudre avec de la sandaraque pour empêcher l'encre de couler. Lorsque l'écriture est sèche, on peut passer sur l'étiquette une couche de vernis gras.

Pour enlever l'écriture, on frotte l'étiquette avec un bouchon et du sable de grès mouillé d'acide sulfurique étendu d'eau ; on passe à l'eau fraîche et on laisse sécher.

Encre inaltérable. — Prendre :

Vert-de-gris en poudre.	2 gramm.
Sel ammoniac	2 —
Noir de fumée ou d'ivoire.	1 —
Eau	30 —

Mettre le noir de fumée dans un flacon, ajouter un peu d'eau, puis ensuite le vert-de-gris et le sel ammoniac, mélanger le tout.

Fermer le flacon hermétiquement, agiter avant de s'en servir.

Étiquettes en bois. — Ces étiquettes, très-employées dans le commerce des pépiniéristes, sont formées par une petite planchette de sapin longue de 10 centimètres, large de 16 millimètres, épaisse de 4 millimètres, et couverte sur une des faces par une couche d'ocre jaune délayé avec de l'amidon, appliqué à la brosse ou au tampon.

On écrit avec un crayon ordinaire. Chaque étiquette porte près d'une extrémité deux traits de scie opposés, qui reçoivent le fil de plomb ou de zinc servant à fixer l'étiquette à la branche.

Une fabrique de ces étiquettes est établie chez M. Ratier,

quai de la Gare-Prolongée, n° 81, à Ivry ; le prix est de 5 fr. le mille, y compris le fil de plomb.

§ 6. — Composition de la cire à greffer.

On prend :

Cire jaune	250 gramm.
Poix noire	500 —
Poix blanche.	500 —
Suif de mouton	50 —

Le tout est mis dans un vase de terre sur un feu doux ; on laisse fondre et on mélange aussi bien que possible en agitant avec une spatule. On obtient ainsi une matière qui reste solide à la température ordinaire. Pour s'en servir, il faut se munir d'un petit fourneau rempli de braise de boulanger, ou même garni d'une lampe à esprit-de-vin. Ce dernier système de fourneau, moins volumineux que le fourneau à braise, convient surtout lorsqu'on opère loin de la maison.

Cire malléable employée à froid pour greffer et recouvrir les coupes du Rosier. — Composition à prix de revient :

Cire jaune.	125 gramm.	0 fr. 50 c.
Poix noire.	185 —	0 11
Poix blanche	185 —	0 11
Huile de lin.	5 —	0 05

Faire fondre à petit feu dans un poêlon de terre, bien mélanger avec une spatule de bois, verser sur une pierre plate et mouillée, laisser refroidir à moitié, pétrir la cire à la main et en former de petits boudins de 100 à 200 grammes (il faut se mouiller les mains avant de pétrir la cire), conserver la cire en lieu frais, en l'enveloppant dans du papier huilé ou graissé.

Pour s'en servir, on coupe la quantité de cire dont on a besoin, on la ramollit un peu à la chaleur de la main, et on l'applique sur l'arbre.

Cette cire, qui n'a aucun principe corrosif, adhère très-for-
tement à la tige et s'y maintient plusieurs années.

§ 7. — Terrine pour semis.

La figure 7 représente une terrine à semis. Les dimensions

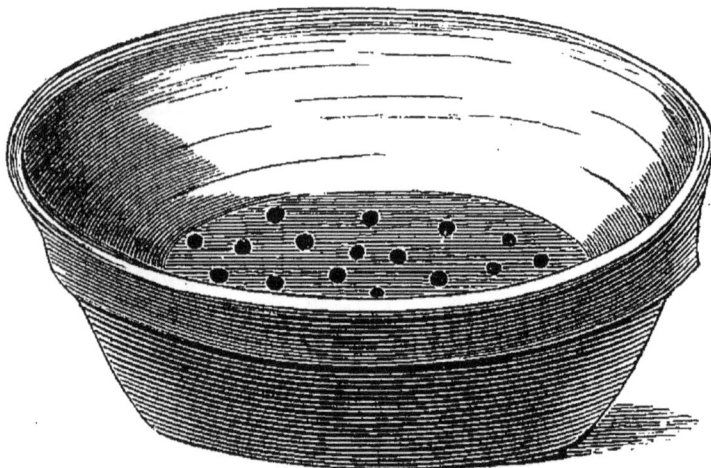

Fig. 7. — Terrine pour semis.

varient de 16 à 30 centimètres pour le diamètre et de 5 à 8
pour la profondeur.

Les terrines doivent être en bonne terre poreuse et percées
de trous dans le fond.

§ 8. Du Drainage.

Le drainage est l'art de favoriser l'écoulement des eaux
dans la terre.

Il est très-important que l'eau d'arrosage employée dans

•la culture des plantes en pot ne séjourne pas dans le pot, sans quoi les racines pourriraient; on draine donc les pots, c'est-à-dire qu'on met au fond des matières sèches concassées, gravier, débris de poterie, etc., qui empêchent la terre de boucher le trou du fond. Dans la culture des Rosiers, on se contente de poser sur le trou un tesson de pot cassé.

CHAPITRE II.

DE L'ÉGLANTIER.

L'Églantier, qui fournit presque tous les sujets pour la greffe des Rosiers, mériterait à tous égards une description spéciale dans tout traité pratique de la culture des Rosiers; il est cependant bien rare qu'on parle de lui; ce qu'il est, d'où il vient, on s'en inquiète peu. Les horticulteurs achètent leurs sujets à des marchands qui tirent ces arbustes surtout de la Bourgogne et de la Picardie.

Le prix de revient de l'Églantier rendu à Paris est toujours assez élevé : 10 à 15 fr. le cent; mais par le fait d'une mortalité qui s'élève à 40 ou 50 p. 100, ce prix se trouve doublé. Cette mortalité tient un peu à la négligence et beaucoup à l'ignorance de ceux qui fournissent l'Églantier; aussi, croyons-nous qu'ils pourront profiter de l'expérience acquise par nous durant une période de cinq années employées à l'extraction des Églantiers dans les forêts de la Haute-Saône.

L'Églantier (Rosier des haies, *Rosa canina*) est indigène

en Europe. On le trouve dans toutes les forêts, où il se reproduit de lui-même par semis naturel et surtout par dra-
geonnement. En effet, il a au plus haut degré la propriété
d'émettre des tiges souterraines, qui sortent souvent à une
grande distance du pied-mère, et qui, par leur enchevêtre-
ment, sont un véritable fléau pour les forêts (1).

On confond souvent l'Églantier avec une variété voisine, le
Rosa rubiginosa, Rosier à feuille rouillée, dont l'épiderme
est vert glacé; les aiguillons sont petits et nombreux; les
feuilles vert foncé sont gaufrées, et laissent aux doigts qui les
froissent une odeur de pomme de rainette.

Ce Rosier et ses quatre variétés sont très-médiocres comme
sujets; cependant, on peut les utiliser en y greffant des Roses
pimprenelles et des Roses mousseuses, qui ont de l'analogie
avec lui.

Au point de vue de la culture du Rosier, tous les Églantiers
d'une forêt n'ont pas la même valeur; ceux venus dans les
jeunes coupes sont préférables à ceux qui poussent sous les
futaies ou dans les taillis âgés. Leur tige, toujours frappée
par l'air et la lumière, est très-rustique; les tissus sont
fermes; l'épiderme est résistant; ils ne craignent ni le soleil
ni le hâle de mars, toujours mortels pour les sujets qui ont
grandi à l'ombre.

De plus, les vieux pieds recépés rez de terre lors de la
coupe du bois donnent naissance à des rejets vigoureux qui,
poussant plus vite que les essences voisines, les dominent
pendant quelque temps et produisent des tiges bien droites.

C'est donc dans les jeunes coupes de 3 à 6 ans qu'il faut
aller chercher les Églantiers; mais rappelons-nous que, bien

---

(1) Dans le jeune Églantier l'épiderme est vert-tendre, pourpré du
côté exposé au soleil; les aiguillons, recourbés en lame de faulx et la
pointe vers la terre, sont inégalement placés sur la tige. La troisième
année, l'écorce devient grise et rugueuse.

que leur extraction soit une amélioration pour les forêts, on ne peut se la permettre sans l'autorisation du propriétaire, qui reste juge de l'opportunité du travail, et qui conserve le droit de le surveiller.

§ 1er. — Arrachage.

L'ouvrier qui veut arracher des Églantiers doit être muni d'une bonne pioche, d'un sécateur et d'une scie à main ou égohine; de plus, il doit avoir une bonne paire de guêtres montant au-dessus du genou, pour garantir ses jambes des ronces et des épines.

Fort heureusement pour les propriétaires de bois, l'Églantier ne foisonne pas également dans toutes les parties de la forêt; cependant, il y en a toujours assez pour qu'un ouvrier habile qui sait choisir son endroit puisse arracher 150 à 200 Églantiers par jour.

Au fur et à mesure de l'arrachage, on dépose les Églantiers par petites bottes dans le chemin le plus voisin de la coupe dans laquelle on travaille, puis ces petites bottes, réunies en une seule de 150 tiges environ, sont rapportées le soir au lieu de la couchée de l'ouvrier.

Les Églantiers, au sortir de la forêt, sont en quelque sorte bruts; ils ont encore à subir les opérations de l'habillage et du triage, opérations qui n'ont pas toujours lieu immédiatement et sur place; aussi est-il très-prudent de garnir le pied des Églantiers avec de la mousse des bois, et de les déposer dans une cave ou tout autre lieu analogue. Grâce à ces précautions, qui ne demandent qu'un peu d'attention, les Églantiers peuvent braver une température de 5° au-dessous de zéro, et attendre pendant un mois et plus, sans que la reprise soit compromise, les opérations dont il nous reste à parler.

§ 2. — Habillage de l'Églantier.

L'habillage est la préparation de la racine et de la tige avant la plantation (1).

Préparation de la racine. — L'Églantier doit d'abord être dégagé des fragments plus ou moins forts, plus ou moins sains de la vieille souche sur laquelle il s'est développé, et ne conserver qu'un talon bien sain. C'est du point d'insertion de la tige sur le talon appelé collet que sortiront les nouvelles racines. Souvent ces racines sont déjà développées lorsqu'on arrache, et, vu leur délicatesse, elles ont eu à souffrir de l'extraction; il faut alors les rapprocher à 3 millimètres de la tige ou les couper au niveau de celle-ci, selon que les altérations auront été légères ou graves.

Quand plusieurs tiges tiennent à la même souche, on divise celle-ci de manière à laisser à chaque tige un bon talon. On conserve le plus de tiges que l'on peut; mais on n'hésite jamais, le cas échéant, à sacrifier les tiges faibles à la bonne préparation des tiges vigoureuses.

Les opérations précédentes se font avec le sécateur et l'égohine, en ayant soin de parer avec la serpette toutes les sections faites avec les deux premiers instruments, et en arrondissant les bords de l'écorce.

On emploie aussi avec avantage un fort sécateur à branches allongées, dont la figure 8 indique suffisamment les principales dispositions. L'une des branches est fixée sur un billot de bois; l'autre reste mobile, et on opère comme avec une

(1) L'épiderme de la racine de l'églantier est brun noir; l'aubier est blanc verdâtre, parfois rosé, quelquefois pourpre. Lorsque la racine a une couleur qui paraît anormale, on soulève l'épiderme; si l'aubier est noir ou brun, si de plus les fibres sont très-poreuses, on peut être certain de la perte de l'arbuste.

cisaille, tenant la souche
de la main gauche et fai-
sant manœuvrer le séca-
teur de la main droite (1).

On a dû certainement
rapporter de la forêt des
Églantiers provenant de
semis naturels ou de dra-
geons qui ont émergé de
terre. Les tiges de ces

(1) Voici les dimensions de
l'instrument : longueur des
branches, 25 centimètres; é-
paisseur, 12 millimètres; longueur de la lame en acier
fondu, 70 millimètres; largeur, 40 millimètres; épaisseur, 7 millimètres; longueur
du crochet, 70 millimètres;
épaisseur, 8 millimètres. Prix :
15 à 20 francs.

Fig. 8. — Sécateur fixe à branches.

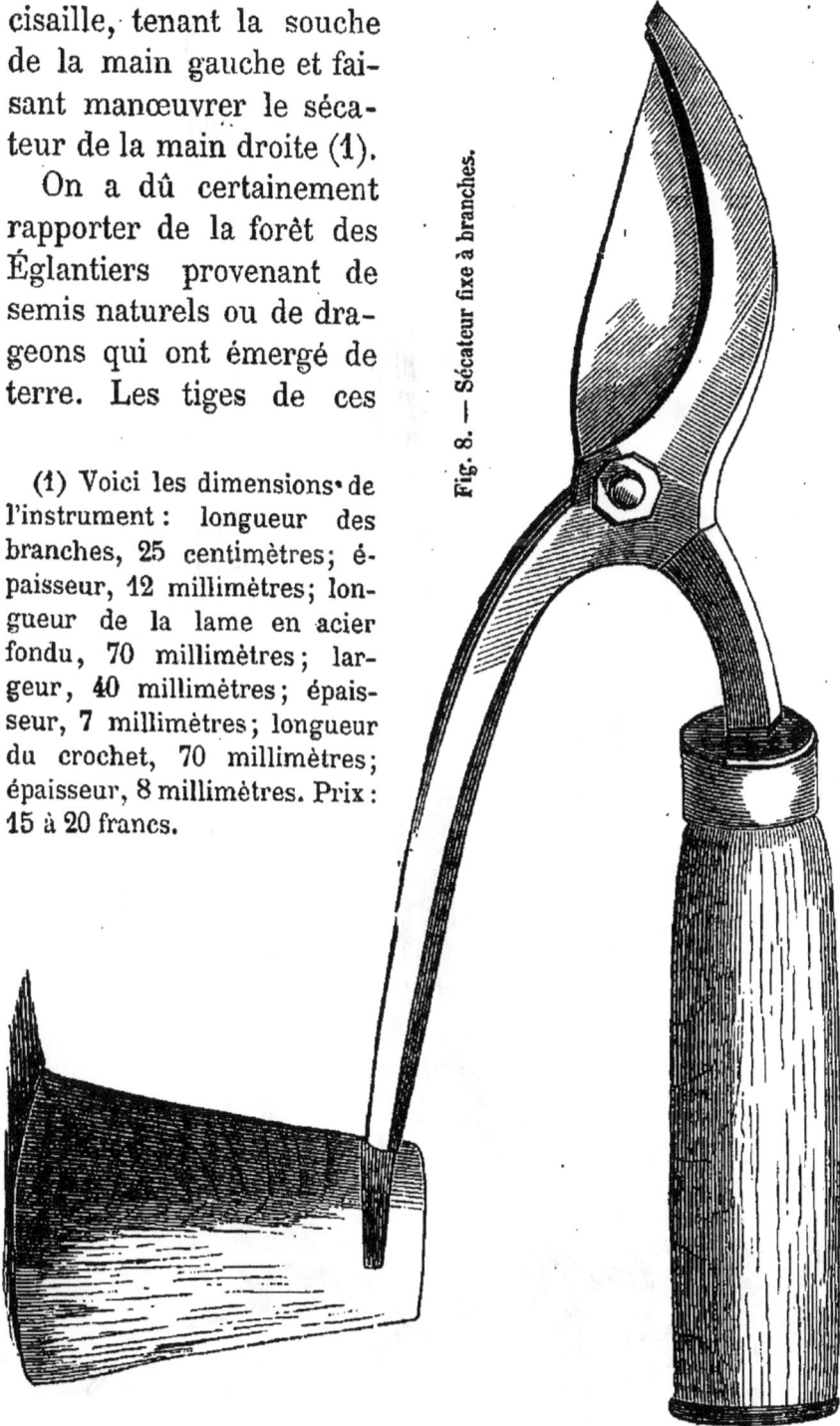

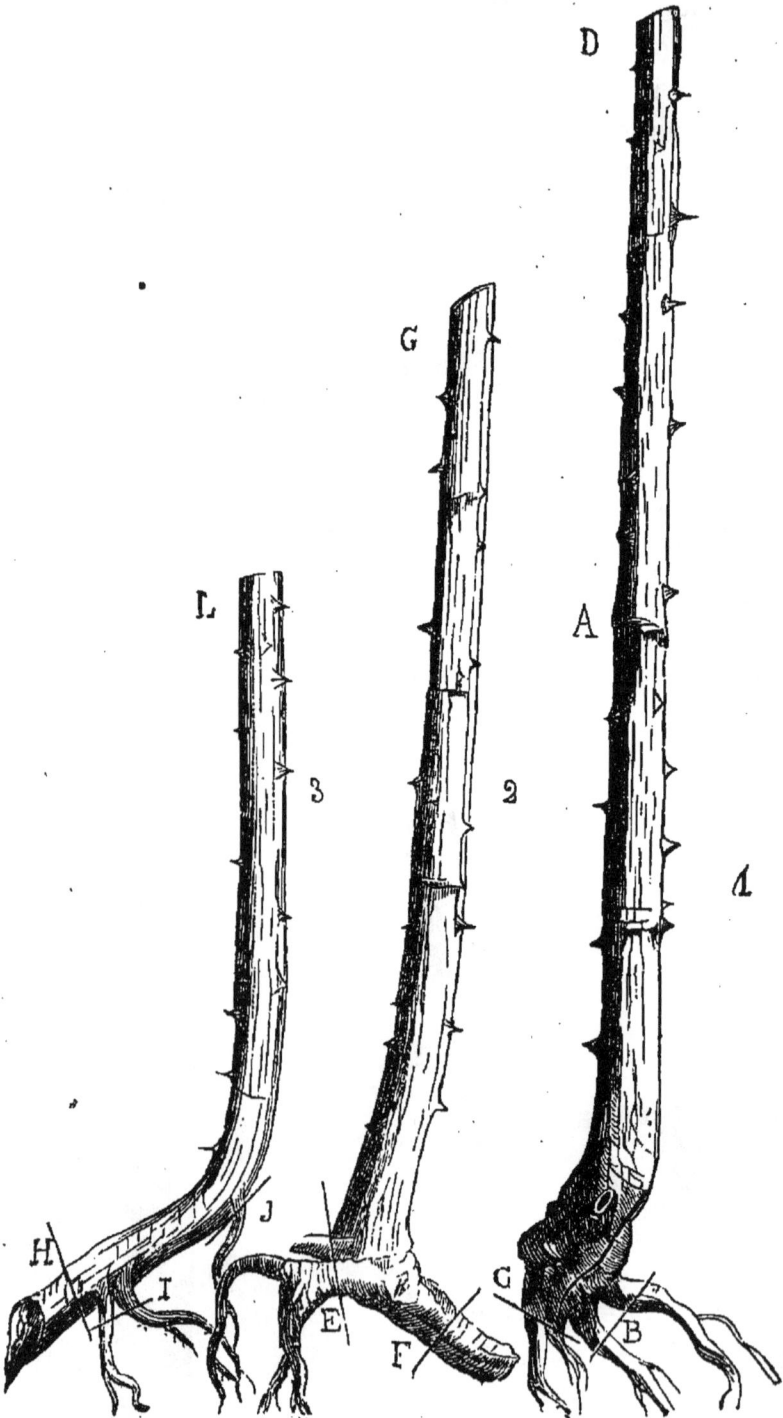

Fig. 9. — Églantiers habillés.

provenances auront leurs racines propres, qu'on rafraîchira à la serpette en les coupant à 2 millimètres de leur point d'insertion.

En faisant l'habillage des racines, il faut invariablement supprimer les tiges souterraines, qui se présentent à l'état de bourgeons ou de drageons.

La figure 9 représente un Églantier de chaque catégorie. Les traits indiquent les parties de la racine qui sont à retrancher.

Le bourgeon fait saillie sur la tige; il est de couleur rouge clair et de consistance herbacée. Le drageon a l'écorce unie, de couleur rouge pâle ou rose; il porte rarement des radicelles, et ses caractères se rapprochent plus de ceux d'un rameau que de ceux d'une racine.

Bourgeons et drageons doivent être rigoureusement coupés au point de naissance, car ils se développeraient en gourmands qui épuiseraient le pied.

§ 3. — Préparation de la tige.

Les bourgeons rudimentaires qui percent sur la tige de l'Églantier doivent aussi être supprimés, de manière à ce que cette tige présente un corps droit, à apparence lisse, et débarrassée de toute végétation.

La dernière opération consiste à couper les tiges sur la hauteur, ce qui classe les Églantiers en quatre catégories.

§ 4. — Triage des Églantiers.

La première catégorie, celle *des tiges proprement dites,* comprend les Églantiers les plus forts, ayant 2 ou 3 centimètres de diamètre et une longueur de 1ᵐ 30.

La deuxième catégorie, dite les *demi-tiges,* comprend les

Églantiers de diamètre moins fort et de 80 centimètres de haut.

La troisième catégorie, dite les *bâtards*, comprend les Églantiers trop faibles pour les demi-tiges, et dont la hauteur, inférieure à 80 centimètres, est proportionnée à la force du sujet.

La quatrième catégorie, celle des *nains*, comprend les Églantiers qui, en raison de leur faiblesse ou de leur irrégularité, ne pouvant être classés dans les autres catégories, sont recépés à 30 centimètres pour être greffés en Rosiers nains.

Avec ces quatre catégories on peut satisfaire à toutes les exigences des plantations en bordures, en corbeilles, en massifs.

Pour rabattre les tiges, l'ouvrier tient à portée de sa main les mesures correspondantes aux catégories; il en applique une contre une tige et coupe celle-ci avec le sécateur, puis il fait autant de tas qu'il y a de catégories, et termine en liant les Églantiers par bottes de 50 tiges, pour les transporter ensuite à la pépinière.

Là se bornent les soins ordinaires. Nous ne saurions trop recommander aux horticulteurs de les compléter par l'engluage des coupes au moyen de la cire à greffer. La cire à greffer préserverait la tige de l'action de l'humidité, qui entraîne la pourriture et la décomposition de la partie supérieure, décomposition qui gagne lentement, atteint de proche en proche la partie greffée, et fait périr la greffe ou l'écusson. Le mal est quelquefois moins grand; mais il reste toujours au haut de l'Églantier une partie morte, desséchée, qui se vide et sert de refuge à des insectes, qui plus tard se répandent sur les Rosiers.

L'application de la cire serait bien peu dispendieuse et ne présenterait aucune difficulté; elle pourrait se faire à la spatule, ou mieux encore en trempant la tête de chaque tige dans la cire aussitôt qu'elle a été coupée à la longueur voulue.

§ 5. — Plantation des Églantiers.

Les Églantiers sont mis en jauge si le temps n'est pas
favorable à la plantation, ou plantés de suite si le temps est
beau, la terre bien ressuyée, et si toute crainte de gelée est
passée (1). On plante les Églantiers en planches ou en plein
carré.

Plantation en planches. — Le terrain est partagé en planches de 1^m 66 de largeur, les planches séparées par un sentier de 66 centimètres. Chaque planche reçoit cinq rangs
d'Églantiers; les rangs sont à 40 centimètres l'un de l'autre,
et les Églantiers à 35 centimètres l'un de l'autre dans chaque
rang.

Le rang du milieu est planté en *tiges,* le deuxième et le
quatrième rang en *demi-tiges,* le premier et le cinquième
rang en *bâtards* ou en *nains.*

Cette disposition par gradins donne plus de lumière au
rang du milieu, et rend plus faciles le greffage et les soins
d'entretien.

La plantation en planches, qui fait entrer plus d'Églantiers
dans une surface donnée, est généralement adoptée aux environs de Paris, à cause de l'élévation du prix de location des
terres. Cependant, si on veut remarquer que, par suite de
l'agglomération due à ce mode, bien des plantes ne reprennent pas faute d'espace, que bien des écussons ou des greffes
sont brisés par les ouvriers inattentifs et inintelligents lorsqu'ils donnent les soins d'entretien, on arrivera à dire que

(1) Nous supposons que la plantation se fait au printemps, parce que
c'est effectivement le cas le plus général, l'extraction des Églantiers
étant un travail d'hiver; cependant, on pourrait aussi planter à l'automne.

l'économie n'est qu'apparente, et on préférera la plantation en plein carré.

Plantation en plein carré. — Le sol du carré étant préparé, et les côtés de ce carré étant, je suppose, orientés nord, sud, est et ouest, on plante sur les côtés est et ouest des piquets espacés entre eux de 50 centimètres, les premiers piquets étant à 16 centimètres du côté nord. Ces piquets déterminent la place des rangs d'Églantiers. On commence la plantation par le rang le plus au nord et par les tiges les plus élevées. On tend un cordeau entre les deux premiers piquets; un homme armé d'une bêche fait un premier trou à 16 centimètres du bord du carré; ce trou aura 16 ou 20 centimètres de profondeur, selon que la terre sera forte ou légère. Un second homme, qui porte les Églantiers sous le bras gauche, en place un dans le trou contre le cordeau, sans forcer celui-ci; le premier travailleur fait un deuxième trou à 30 centimètres du premier et remplit celui-ci avec la terre du second; on assujettit l'Églantier en pressant la terre avec le pied, et on continue jusqu'à l'extrémité du rang. On rectifie alors l'alignement, les tiges étant redressées, en appuyant le pied du côté convenable. La plantation se poursuit ainsi de rang en rang, et en passant successivement des tiges aux demi-tiges, aux bâtards et aux nains. La plantation terminée, les têtes des tiges se trouvent placées dans un plan légèrement incliné du nord au sud, et dans les meilleures conditions d'éclairage et d'aération.

Ce mode de plantation nous paraît le meilleur, à moins cependant que l'étendue de la pépinière et le nombre des Églantiers ne permettent de consacrer un carré à chaque catégorie.

Les Églantiers ayant généralement peu de racines au moment de la plantation, on stimule la formation du nouveau chevelu en répandant sur le carré une couche de terreau de

vieille gadoue; en plantant, on fait glisser cet excellent engrais au pied de chaque tige, dont la reprise se trouve par là
presque assurée. La beauté de la végétation compense et au-
delà la petite dépense de l'engrais.

§ 6. — Soins d'entretien.

Les soins d'entretien sont les mêmes, quel qu'ait été le
mode de plantation. Ils consistent à donner trois binages
pendant la première année et à ébourgeonner.

Binages. — Le premier binage se fait immédiatement
après l'ébourgeonnement, qui a lieu en général en mai, le
second en juillet, et le troisième en septembre.

Le nombre des binages et le moment de les faire peuvent
varier selon l'état de propreté de la terre, et aussi selon les
circonstances atmosphériques qui suivent un binage. Ainsi,
par exemple, une pluie survenant après un binage donné
dans un carré rempli de mauvaises herbes facilitera la reprise de ces herbes, et détruira en tout ou en partie l'effet de
l'opération. Dans ce cas, on attend que le temps soit bien fixé
au beau, et on donne un vigoureux hersage avec la griffe ou
fourche à dents recourbées, l'outil par excellence pour ce
travail. L'herbe ramenée à la surface est brûlée par le soleil.
Ce genre de hersage doit être fait par un ouvrier intelligent,
car les Églantiers seraient exposés à être écorchés par l'outil,
s'il était entre les mains d'un ouvrier maladroit.

L'ouvrier qui ébourgeonne (1) doit précéder celui qui bine,

---

(1) L'ébourgeonnement est une opération très-importante qui a pour
but de supprimer les bourgeons inutiles. Le but que l'on cherche à
atteindre est d'obtenir un arbuste ayant en tête quelques rameaux vigoureux pour recevoir les greffes et les écussons, et en outre bien symé-
triquement placés pour faire une belle tête. Mais il ne faut pas trop se

afin qu'on n'ait pas à revenir sur la terre nouvellement remuée. L'ébourgeonneur doit visiter avec soin le pied des Églantiers, pour reconnaître les tiges souterraines et les supprimer, et le bineur doit rechercher les vers blancs qui attaquent les racines.

Voilà nos Églantiers sortis de la forêt et replantés en pépinières, prêts à recevoir la greffe ou l'écusson. Nous croyons pouvoir affirmer que la mortalité qui, ainsi que nous l'avons dit, est quelquefois de 50 p. 100, sera diminuée de moitié si on veut suivre les conseils qu'une expérience de trente ans nous permet de donner (1).

Quand les bourgeons convenables pour la greffe ne sont pas placés à l'extrémité de la tige, on les conserve néanmoins, et on rapproche le bourgeon terminal pour amuser la séve et empêcher le dessèchement de la partie de la tige située au-dessus des bourgeons conservés, partie qui sera coupée après la reprise des greffes.

hâter de détruire les bourgeons mal placés : on troublerait la végétation; il faut laisser tous les bourgeons atteindre une longueur de 3 à 5 centimètres; alors seulement on fait choix des bourgeons à conserver. On en garde trois sur les sujets les plus forts, deux sur ceux qui sont plus faibles, et quelquefois un seul. Les bourgeons conservés doivent être placés à la partie supérieure de la tige, et autant que possible partager la circonférence en parties égales. Le choix des bourgeons à conserver étant arrêté, les autres sont coupés avec la serpette au rez de la tige.

(1) Une dernière précaution à prendre pour la conservation de l'Églantier serait l'engluage, opération facile, non dispendieuse, et qui pourrait se faire, soit immédiatement après l'habillage, soit au moment de la plantation.

Dans une auge, ou dans un tonneau de grandeur convenable, on délaye parties égales de terre franche et de bouse de vache, ou d'un tiers de bouse de vache fraîche pour un tiers de terre glaise; on plonge l'Églantier dans cette bouillie claire, puis on le laisse sécher. Cet enduit persiste assez longtemps pour garantir la tige du hâle de mars et des coups de soleil du printemps, et maintient l'épiderme dans un état de fraîcheur et de souplesse très-favorable à la reprise de l'arbuste.

Quand plusieurs bourgeons sortent au même point, on sacrifie les plus faibles, laissant les plus forts se développer.

Enfin, lorsque la tige ne porte qu'un bourgeon mal placé, on le conserve pour faire appel à la séve, et le temps venu, on place les écussons sur le corps de la tige, comme nous le verrons plus tard.

On voit que, bien que l'opération principale de l'ébourgeonnement doive se faire vers le mois de mai, cependant la végétation doit toujours être surveillée, pour maintenir l'équilibre entre toutes les parties conservées.

CHAPITRE III.

MULTIPLICATION DU ROSIER.

Le Rosier se multiplie par *semis*, par *bouture*, par *marcotte* et par *greffe*.

Notre chapitre se trouve naturellement partagé en quatre divisions principales, et chaque division en autant de sections qu'il y a de procédés différents.

Nous sommes entré dans beaucoup de détails, sans cependant avoir la prétention de donner un *Traité complet de multiplication*. Nous supposons que nos lecteurs sont familiarisés non seulement avec les termes techniques, mais encore avec les opérations pratiques ; nous appelons seulement leur attention sur ce qui, dans les méthodes générales, s'applique au Rosier, et nous renvoyons pour la théorie pratique générale à l'excellent ouvrage de l'habile chef des pépinières du Muséum, M. Carrière, le *Guide du jardinier multiplicateur*, ouvrage qui, selon le dire du savant professeur Decaisne, doit être entre les mains de tous ceux qui s'occupent d'horticulture.

§ 1er. — Multiplication par semis.

De tous les moyens de multiplication, le semis est certainement le plus naturel, puisque c'est celui qui est dans les voies de la nature; cependant, il a un inconvénient grave quand on opère sur des plantes qui ne sont pas *types*, mais qui sont des variétés d'un type bien fixé. Dans ces conditions, le semis ne reproduit pas toujours la variété qui a fourni la graine, mais donne des variétés nouvelles ou des variétés déjà obtenues dans les ascendants de la variété semée. Ce phénomène a été longuement étudié, mais il est encore pour nous à l'état de mystère; on ne sait au juste quelle part il faut faire à des fécondations d'une variété par l'autre, ou à la persistance de certains caractères types qui reparaissent un beau jour, après avoir disparu pendant plusieurs générations.

Mais quelque disparates que soient en apparence les variétés obtenues par semis, les observateurs attentifs savent retrouver dans les fleurs nouvelles des caractères qui les rattachent à leurs parents. Ainsi, on reconnaît facilement que les Roses Louise Peronny, Mère de saint Louis, Auguste Mie, descendent de la belle Rose la Reine, obtenue elle-même vers 1841 par M. Laffay, rosomane distingué de Bellevue.

La Rose Gloire d'Alger a engendré la Rose Bobrinski, plus double que sa mère, tout en conservant son beau calice et le caractère spécial de ses feuilles.

La Rose Général Jacqueminot, un des plus beaux gains modernes, a elle-même produit plusieurs variétés qui égalent leur mère sans la surpasser, en conservant des caractères de famille faciles à saisir.

Malheureusement, c'est quelquefois par la transmission d'une infirmité que la parenté se décèle. Le Géant des batailles, fleur remarquable par sa forme et son coloris, est venu au monde avec une maladie terrible, le *blanc*, et il la transmet à toutes ses variétés.

Quelquefois une Rose de semis presque simple ou non remontante se modifie après avoir été multipliée par écussons; elle peut alors devenir double ou remontante. Il ne faut donc pas trop se hâter de juger nos fleurs de semis, parce que c'est la greffe qui fixe et fait apparaître les caractères définitifs.

De tout ceci, on conclura qu'il faut semer pour obtenir de nouvelles variétés, et non pour propager les espèces déjà obtenues.

Porte-graines. — Les porte-graines devront être choisis parmi les sujets les plus beaux et les plus vigoureux. Pendant la floraison, on les soignera d'une manière toute spéciale, veillant aux arrosements, à la fumure, à la taille, pour que la végétation se fasse dans les meilleures conditions. Le nombre des fruits poussés à maturité sera proportionné à la vigueur du Rosier, afin d'obtenir des graines bien conformées.

Récolte des graines. — La récolte doit se faire quand le fruit est mûr, ce qui se reconnaît à la belle couleur rouge des baies. En temps moyen, c'est vers la fin d'octobre qu'il faut faire la cueillette, mais toujours avant les gelées, qui altéreraient les graines.

Les fruits de chaque variété sont réunis à part, placés dans un pot à fleurs soigneusement étiqueté ou numéroté, et mis hors de portée des souris et autres rongeurs.

Nettoyage de la graine. — Les graines achèvent ainsi

leur maturité, et, au bout de quelques jours, utilisant les jours pluvieux ou les soirées, on procède au nettoyage de la graine.

Pour cela, on ouvre les fruits avec les doigts. Laissant retomber la graine dans le pot, on rejette leur enveloppe; puis, au moyen d'un petit van d'osier ou d'une passoire de cuisine, on secoue, on agite les graines pour les débarrasser de leurs poils ou petit duvet; on les verse ensuite dans un vase rempli d'eau; les mauvaises graines surnagent, les bonnes vont au fond; on rejette les premières, on recueille les dernières, et, après les avoir laissées s'essorer, on les réintègre dans leur pot étiqueté, en les mélangeant avec de la terre ou du sablon. Le pot est recouvert par un morceau de verre à vitre et placé en lieu sec, hors de portée des souris.

La graine, dans ces conditions, se prépare lentement à sa germination future. Le moment venu, on la sème telle quelle, c'est-à-dire avec la terre mélangée.

La graine de Rosier est un petit corps à faces comprimées, anguleux, couleur blanc sale ou brun. Le nombre des graines dans chaque fruit est variable d'une espèce à l'autre; en général, les fruits globuleux en ont plus que les fruits allongés.

Le déchet de la graine peut être évalué à un tiers de la récolte.

Époque du semis. — L'époque la plus favorable pour les semis de Rosiers est depuis la mi-octobre jusqu'à la mi-décembre. Le mode à employer est déterminé par la température locale, la nature des terres et autres conditions générales de la culture.

Semis en pleine terre. — On laboure une planche en terre légère, et autant que possible à bonne exposition; la surface, réglée par un coup de râteau, est recouverte de 4 millimètres de sable fin ou de terre de bruyère, et plombée légèrement avec le dos d'une pelle en fer. On partage alors la planche en

autant de petits carrés de 1 à 3 mètres de longueur qu'on a
de variétés à semer; les bords de chacun de ces petits carrés
sont relevés de manière à mettre la surface intérieure en con-
trebas. On sème, on étend sur la graine, sans la déranger,
2 centimètres de terre de bruyère ou de sable, puis 16 centimètres de feuilles sèches. Ces feuilles garantissent de la gelée
et entretiennent l'humidité nécessaire à la germination. Vers
la fin de mars, si le temps le permet, on retire les feuilles et
on les dépose en réserve dans les sentiers en cas de gelée;
un peu plus tard, on les enlève et on les laisse se transformer
en terreau.

Les planches garnies de leurs jeunes plantes sont tenues
dans le plus grand état de propreté et bassinées aussi souvent
que besoin est. La terre doit toujours être fraîche, mais non
humide.

En avril ou mai, on repique en planches. Les planches sont
divisées en autant de compartiments qu'il y a de variétés, et,
dans chaque compartiment, les Rosiers sont placés en ligne :
les lignes espacées de 10 centimètres, et les plants à 8 centimètres l'un de l'autre.

On arrose et on ombre pendant quelques jours pour faciliter la reprise.

Semis en terrine. — Dans les régions froides on sème en
terrine. Chaque terrine, bien drainée, est remplie de terre de
bruyère légèrement tassée; la semence, répandue à la surface, est recouverte de 3 à 4 centimètres de terre de bruyère,
que l'on tasse en la pressant avec le fond d'une autre terrine.
Les terrines, étiquetées, sont rentrées en serre froide, et placées en bâche près des jours. Les jeunes plantes se montre-
ront en février ou mars; on tiendra les terrines très-propres
et la terre dans un état de fraîcheur constante jusqu'au repiquage, qui se fait comme il a été dit plus haut.

Semis sous cloche. — Ce mode de semis est peut-être le

plus avantageux. Une planche ayant été préparée comme pour
le semis à l'air, au lieu d'y tracer les petits carrés, on y place
deux rangs de cloches maraîchères, sur lesquelles on appuie
légèrement pour obtenir leur empreinte bien marquée sur le
sol ; on sème en dedans des circonférences ainsi déterminées,
on recouvre la graine, on plombe la terre, et enfin on replace
les cloches et on garnit les intervalles avec du fumier sec ou
des feuilles, laissant découverte la partie supérieure de chacune d'elles. Au mois de mars, on retire le fumier et les
feuilles, on soulève un peu les cloches pour ressuyer la terre
et changer l'air, on nettoie les plantes, on bassine si besoin
est, et au mois d'avril on enlève les cloches qui, conservées
plus longtemps, détermineraient l'étiolement des jeunes
plantes. Quelques soins que l'on prenne, on doit s'attendre à
voir périr, ou fondre, comme disent les jardiniers, un grand
nombre de pieds. Lorsque les semis sont atteints du blanc,
il faut les saupoudrer de fleur de soufre.

Semis sous châssis. — Le semis sous châssis à froid se
pratique comme le semis sous cloche, la planche étant partagée en autant de petits compartiments qu'il y a de variétés.

Les semis qui se font sous châssis doivent être bien sur-
veillés pendant l'hiver ; les souris, et surtout les campagnols,
sont très-friands de la graine du Rosier. Aussitôt que la présence de ces petits rongeurs est signalée, il faut leur faire une
chasse active avec tous les piéges connus.

Les semis de Rosiers Thés, Ile-Bourbon, Noisettes, Hybrides remontants, faits dans de bonnes conditions, peuvent
fleurir la première année ; les autres variétés fleurissent généralement la seconde année.

On doit surveiller la floraison et la suivre avec la plus
grande attention, marquer les pieds qui se distinguent par des
caractères bien tranchés, soit dans le feuillage, soit dans la
fleur, et sur ces pieds faire choix des rameaux qui fourniront

les écussons à l'arrière-saison. On dirige alors la végétation de ces rameaux par le pincement, par l'effeuillage, de manière à obtenir des yeux bien constitués ; enfin, on choisit, pour poser les écussons, des Églantiers dont la force et la végétation soient en rapport avec celles de la variété qui fournit l'écusson.

Il est de la dernière importance d'apporter tous ces soins pour le premier écussonnage, sans quoi la variété nouvelle ne se fixera pas ; ses caractères seront indécis, et on verra bientôt s'évanouir les espérances que le semis avait fait concevoir.

§ 2. — Multiplication par boutures.

On peut dire que tous les Rosiers reprennent de bouture ; cependant, les espèces à bois tendre se prêtent beaucoup mieux que les autres à ce genre de multiplication, et c'est surtout à elles qu'il est appliqué.

Le bouturage en grand pour les variétés connues et répandues dans le commerce se fait à froid, à l'air libre ou sous cloche, et a lieu depuis le mois d'août jusqu'à la fin d'octobre.

Les méthodes de bouturage sont à peu près les mêmes et ne diffèrent que par quelques détails auxquels les horticulteurs attachent plus ou moins d'importance. Nous allons décrire les procédés de notre voisin et ami, M. Louis Vacher, du Petit-Vitry, très-habile multiplicateur. Il a rendu obligeamment de nombreux services aux pépiniéristes ses voisins, en propageant les bonnes méthodes de multiplication.

Bouturage à l'air libre. — Préparation de la plate-bande. — On laboure au pied d'un mur et à bonne exposition une plate-bande de 60 à 70 centimètres de largeur ; on règle la surface au râteau, et on soutient les terres du côté de l'allée, au moyen de planchettes ou voliges retenues par des piquets. On étend une couche de fumier de cheval très-sec et bien foulé, épaisse de 16 centimètres, qu'on égalise avec la fourche ; sur le fumier, on répand de 7 à 10 centimètres de sable fin des carrières d'Arcueil, dont la surface est bien nivelée, et qu'on tient dans un état de fraîcheur convenable.

Préparation des boutures. — Cette préparation se fait ordinairement sous un hangar où ont été déposés les rameaux pris sur les pieds-mères. On coupe toutes les feuilles avec des ciseaux, ne laissant que le tiers inférieur du pétiole ou queue, puis on divise les rameaux en fragments de 5 à 16 centimètres selon la force du rameau, mais toujours de manière à obtenir le plus de boutures qu'il est possible.. Les sections sont faites perpendiculairement à l'axe du rameau et immédiatement au-dessous d'un œil. Les boutures sont déposées au fur et à mesure de la préparation dans une bourriche garnie d'un linge mouillé ; ordinairement on met à part les derniers fragments de ceux des rameaux qui ont conservé un talon, ainsi que ceux que l'on a préalablement détachés de la branche-mère, car ces boutures sont plus avantageuses à la reprise.

Repiquage des boutures. — On repique en commençant par les plus grandes boutures qu'on plante vers le mur ; on les espace de 2 centimètres et on les enfonce de 2 à 3 centimètres selon leur diamètre ; on continue le repiquage en disposant les boutures par taille, de manière à mettre les plus petites sur le devant de la planche. On donne un léger bassinage avec l'arrosoir, ou mieux avec la seringue, et on place les abris.

Ces abris ne sont ordinairement que des châssis de couche, qu'on place le long de la plate-bande, le bas contre les planches ou voliges, le haut contre le mur. M. Louis Vacher, qui fait plus de trente mille boutures par an, se trouva un jour à court de châssis, et il eut l'idée d'employer comme abris des feuilles de zinc de 80 centimètres de largeur sur 1^m 20 de longueur. Il crut remarquer que les boutures se comportaient mieux sous le zinc que sous le verre; il renouvela l'expérience et acquit la preuve du fait. Ici la pratique et la théorie sont parfaitement d'accord : le métal, bon conducteur du calorique, l'absorbe sans le réfléchir comme le verre, puis ce calorique absorbé est transmis aux plantes par le rayonnement plus fort dans le métal que dans le verre. Ainsi les boutures sous le zinc ont plus de chaleur et moins de lumière que sous le verre; donc elles perdent moins par l'évaporation, et elles se rapprochent des conditions des boutures à l'étouffée. Le soir, on place les paillassons sur le zinc.

Les boutures à l'air libre s'enracinent du trentième au cinquantième jour; on donne de légers bassinages quand le sable devient sec, et on retire les abris de zinc pendant les nuits de septembre et d'octobre pour éviter l'étiolement. Les boutures de M. Vacher présentent, en novembre et décembre, une nappe de verdure qui de loin ressemble à une large bande de gazon.

Quand viennent les froids, on monte contre la bordure de volige un réchaud de fumier sec, mélangé de feuilles, et on met sur les abris (verre ou zinc) des paillassons qu'on retire chaque jour quand le soleil luit. Ces précautions suffisent pour l'hivernage des boutures sous le climat de Paris; dans les pays où le thermomètre descend jusqu'à 15° au-dessous de zéro, il faudra doubler les couvertures et les accoter, ou mieux lever avant les grands froids toutes les boutures enracinées, les mettre en godets et les placer sous châssis de couches avec de bons réchauds, autour des coffres ou dans une serre convenable.

Bouturage sous cloche. — Les boutures sous cloche se font après celles à l'air libre; on prépare le sol comme pour celles-ci; on y prend l'empreinte des cloches, et dans la circonférence déterminée, on pique 200 à 250 boutures, qu'on recouvre immédiatement avec la cloche. Pendant les froids, les cloches sont garnies de fumier sec et de feuilles, et couvertes avec des paillassons qu'on retire quand le temps est beau. Les cloches sont soulevées quand la température est douce, pour renouveler l'air et évaporer l'humidité.

Mise en pleine terre des boutures. — Dans le courant de mai on laboure et on fume les planches qui doivent recevoir les boutures. Les planches ont 1ᵐ 33 de largeur et sont séparées l'une de l'autre par un sentier de 40 centimètres ; chacune d'elles reçoit quatre rangs de Rosiers espacés de 35 centimètres, le premier rang à 15 centimètres du bord de la planche.

Quand les froids ne sont plus à craindre, à la fin d'avril ou au commencement de mai, pour Paris, on lève les boutures avec une houlette ou autre instrument analogue, pour ne pas briser les racines; on les place dans un panier recouvert d'un linge légèrement mouillé, afin d'éviter la dessiccation par l'air, et on les repique sur les lignes tracées au cordeau dans les planches. La distance à mettre entre les pieds dépend de la variété et de la vigueur du Rosier. Ordinairement, on met les Hybrides à 30 centimètres ; les Thés, Bengale, Ile-Bourbon, à 20 centimètres ; les Noisette et Multiflore, à 30 ou 40 centimètres; les Rosiers nains, variétés Lawrence, Pompons, etc., à 10 centimètres.

On plante au plantoir. Tenant la jeune tige de la main gauche, on la présente au trou fait avec le plantoir; on l'y enfonce de 6 centimètres, puis on fait glisser de la terre sous les racines jusqu'à remplir le trou ; on donne sur le pourtour deux ou trois coups de plantoir pour forcer la terre à s'appuyer contre la tige. Cette opération, qu'en terme de jardinage on appelle *bornage*, est très-importante : elle a pour but de supprimer tout vide autour des racines.

Après la plantation on arrose, puis on bine en mai, et on donne un bon paillis ou terreautage avec fond de couche.

Pendant l'été, on arrose et on sarcle selon les besoins.

Boutures à froid du Rosier Bengale. — Dans les pays froids, les horticulteurs qui font un commerce spécial des Rosiers Bengale emploient pour la multiplication un procédé un peu différent de celui qui a été décrit. La figure 10 représente deux boutures faites à froid, dont l'une avec bourrelet et l'autre enracinée.

On plante en carré des Rosiers qui sont à demeure et forment les pieds-mères. A l'automne et avant les gelées on coupe les rameaux qui doivent fournir les boutures; ces rameaux sont subdivisés en tronçons de 20 à 25 centimètres, et les tronçons réunis par bottes de cent, chaque botte contenant des boutures de même force. On établit deux catégories : la première comprend les boutures de 5 à 12 millimètres de diamètre; la deuxième comprend les boutures provenant de la partie inférieure du rameau, et qui doit conserver autant que possible un éclat ou talon.

Les bottes de boutures sont mises en cave et jaugées dans du sable fin ou de la terre de bruyère. A défaut de cave on peut faire la jauge sous châssis en l'abritant du froid.

Au printemps on repique sur les planches comme il a été dit plus haut.

Boutures herbacées d'hiver. — Ce genre de multiplication est employé pour propager rapidement les variétés nouvelles qui sont généralement livrées en novembre ou en décembre. Le pied-mère est mis dans la serre à multiplication; on coupe les rameaux aoûtés et on les greffe sur des Rosiers nains disposés à l'avance. Le Rosier-mère, sous l'influence de la température de la serre qui est toujours de 15 à 25°, entre en végétation et produit des bourgeons qu'on laisse s'allonger de 20 à 30 centimètres, autant pour qu'ils prennent

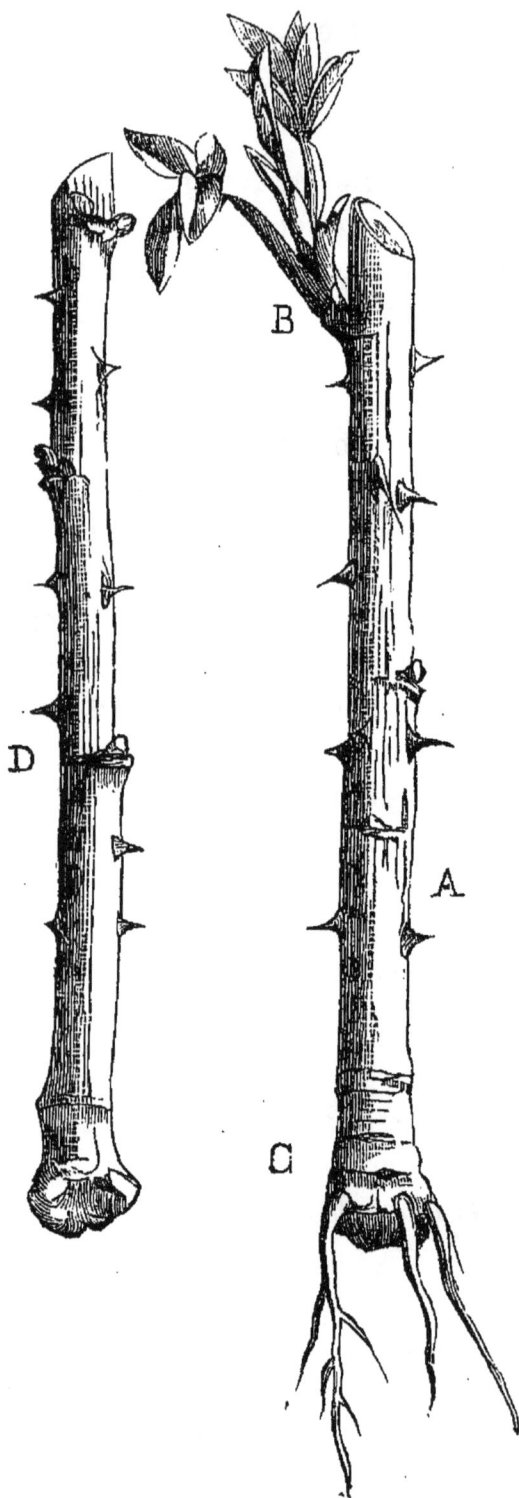

Fig. 10. — Boutures à froid.

une consistance suffisante que pour obtenir plus de boutures sur chaque bourgeon. Le bourgeon détaché du Rosier est subdivisé en tronçons ; chaque tronçon ayant deux ou trois yeux, et conservant ses feuilles, est planté dans un godet de 3 centimètres de diamètre, rempli de terre de bruyère. On arrose avec quelques gouttes d'eau (voir la figure 11). Sur le sablon ou sur la tannée de la bâche, on prend l'empreinte d'une cloche, et dans la circonférence déterminée on enfonce de toute leur hauteur 70 à 80 godets ; on recouvre le tout avec la cloche pour concentrer la chaleur de la bâche. Ces boutures demandent beaucoup de soins ; il faut tous les jours lever les cloches pour renouveler l'air. On essuie l'humidité des parois intérieures, et on arrose goutte à goutte les godets dont la terre se dessèche.

Au bout de huit jours on voit se former le bourrelet de tissu utriculaire qui précède la naissance des racines ; le vingtième jour les boutures sont enracinées ; le trentième jour les racines apparaissent à la surface de la terre. Vers le quarantième jour on visite les boutures qui montrent leurs racines. Pour cela on renverse la bouture, le godet soutenu par deux doigts, la tige entre ces deux doigts ; on frappe doucement le godet sur le bord de la bâche, et on détache la motte. Si les racines contournent toute la motte, on replace la bouture dans son godet, et on pose celui-ci sous une autre cloche, sur la tannée, mais sans l'y enfoncer. On en fait de même pour chaque bouture bien enracinée. Cette seconde cloche est soulevée au moyen d'un godet vide, pour accoutumer les jeunes plantes à l'air.

Les boutures non enracinées sont replacées sous leur cloche après qu'on a remué le sable ou le tan.

Au bout de huit jours les boutures enracinées sont rempotées dans des godets de 6 à 8 centimètres de diamètre, préalablement drainés. Pour cela on remplit les godets de terre de bruyère, on fait avec le doigt un trou au milieu de la terre ; on

dépote le Rosier, et on le plante avec sa motte en serrant légèrement la terre tout autour ; on arrose, et on place les pots

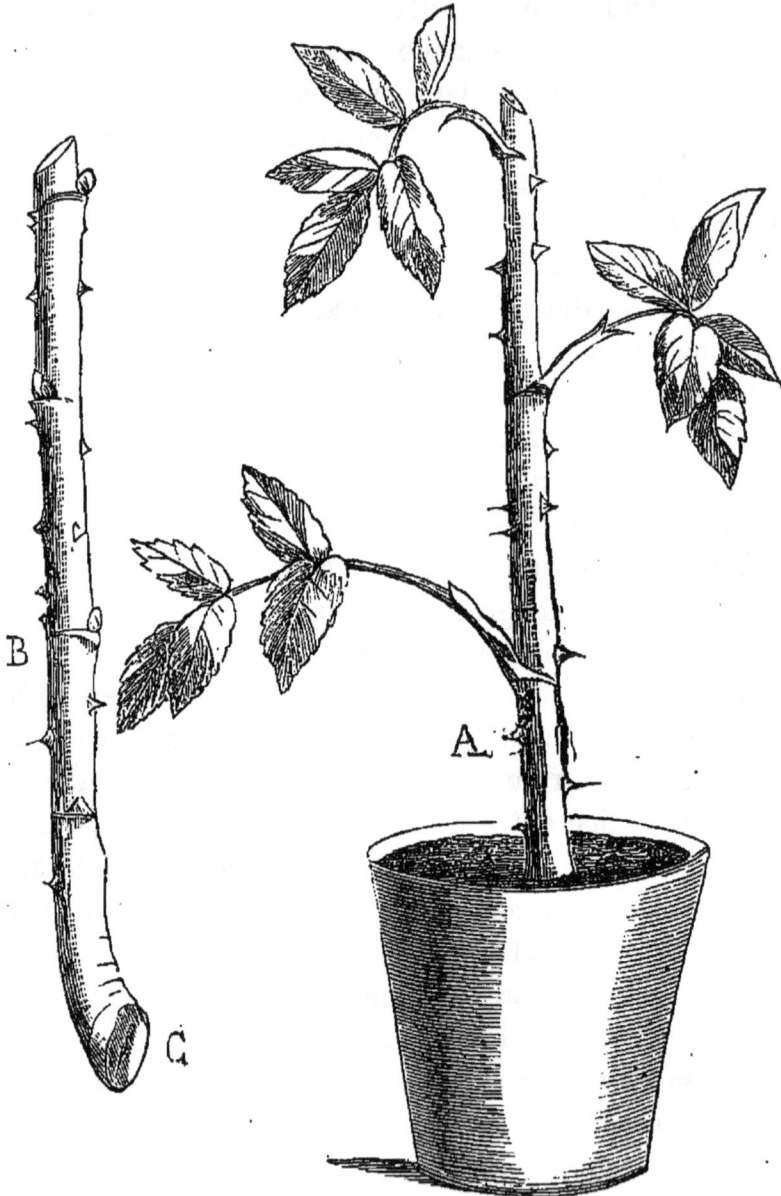

Fig. 11. — Boutures à chaud.

sur les tablettes ou dans une autre bâche de la même serre.
Au bout d'un mois on passe les Rosiers dans une autre serre
moins chauffée.

Par ce travail, un Rosier, payé en novembre 25 fr., peut en février ou mars donner cent pieds greffés ou francs de pied, et valant chacun de 5 à 10 fr.

Boutures de feuilles. — C'est au célèbre Agricola qu'il faut attribuer la découverte des boutures de feuilles : ses premiers essais, faits avec des feuilles d'Oranger, datent de 1752.

Nous avons expérimenté avec des feuilles d'Oranger, de Citronnier et de Rosier. Ces dernières, plantées dans de petits godets enfoncés dans la terre d'une serre à multiplication, ont promptement formé un bourrelet, puis des racines ; mais au bout de six mois, malgré le développement des racines, il ne s'était pas formé de bourgeons. Ce genre de bouture produit donc, appliqué au genre Rosier, un fait plus curieux que pratique, d'où l'on pourrait induire que les racines ne sont que le prolongement du tissu fibreux.

Boutures à chaud avec rameau garni de feuilles. — Ce genre de boutures est employé en grand par les horticulteurs-rosistes ; il se pratique de la fin de juillet à la fin de septembre, et même pendant l'hiver.

Dans les établissements spéciaux, la serre à multiplication est près de l'école de Rosiers ; les différentes variétés sont toutes groupées ensemble ; chaque plante porte le numéro de la variété dans le catalogue, en sorte que l'ouvrier chargé de cueillir les boutures passe de planche en planche, fait dans chacune d'elles une botte de rameaux qui reçoit de suite le numéro du catalogue, les enveloppe dans un linge mouillé et les rentre de suite dans le tambour de la serre.

Ce tambour a une sorte de cabinet qui précède la serre et en est comme le laboratoire ; on a dû réunir là tout ce qui est nécessaire au bouturage, savoir : de la terre de bruyère préparée, des godets, un jeu de numéros, un maillet pour les frapper et des bandelettes de plomb pour les recevoir ; ces bandelettes ont la forme d'un triangle rectangle allongé,

ayant 12 millimètres de base sur 40 de hauteur (fig. 12) ; le
numéro se frappe à la base, et la bandelette
se pique en terre par l'angle opposé ; enfin
une planchette pour le transport des godets.
Cette planchette, en bois de sapin, a 70 centimètres de long sur 40 de large, avec des
rebords de 4 centimètres de hauteur sur les
grands côtés et de 16 centimètres sur les petits côtés ; les grands rebords servent d'an-
ses et sont percés d'un trou pour donner
passage à la main.

Chaque rameau est partagé en tronçons
ayant chacun trois feuilles et par conséquent
trois yeux ; le tronçon du bas conserve le talon qui est paré à
la serpette ; les sections sont faites perpendiculairement à
l'axe du rameau, à 1 millimètre au-dessous d'un œil. On supprime les deux ou trois folioles supérieures qui gêneraient
lors du placement sous la cloche.

Chaque tronçon est planté au milieu d'un petit godet
de 3 centimètres, rempli de terre de bruyère ; il est enfoncé
de 1 centimètre, et la terre est convenablement serrée tout
autour pour le maintenir.

. Si on emploie des godets de 4 centimètres ou de 45 millimètres, on met dans chacun deux boutures diamétralement opposées et à 1 centimètre de la paroi (voir la figure 13); si on
a des godets de 6 centimètres, on place trois boutures en
triangle équilatéral.

Chaque godet reçoit une lamelle de plomb portant le numéro de la variété. La lamelle est enfoncée en terre par sa
pointe et repliée sur le bord du godet.

On arrose les godets et on les transporte dans la serre au
moyen de la planchette.

On dispose les boutures dans la bâche et sous les cloches,
comme il a été dit à l'article des boutures herbacées.

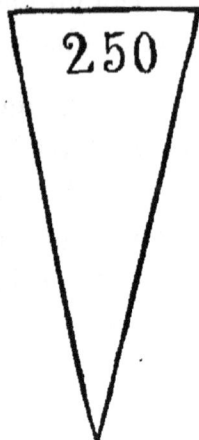

Fig. 12. — Bandelette à boutures.

Quand il y a deux ou plusieurs variétés sous la même cloche, on groupe les godets d'une variété dans le même seg-

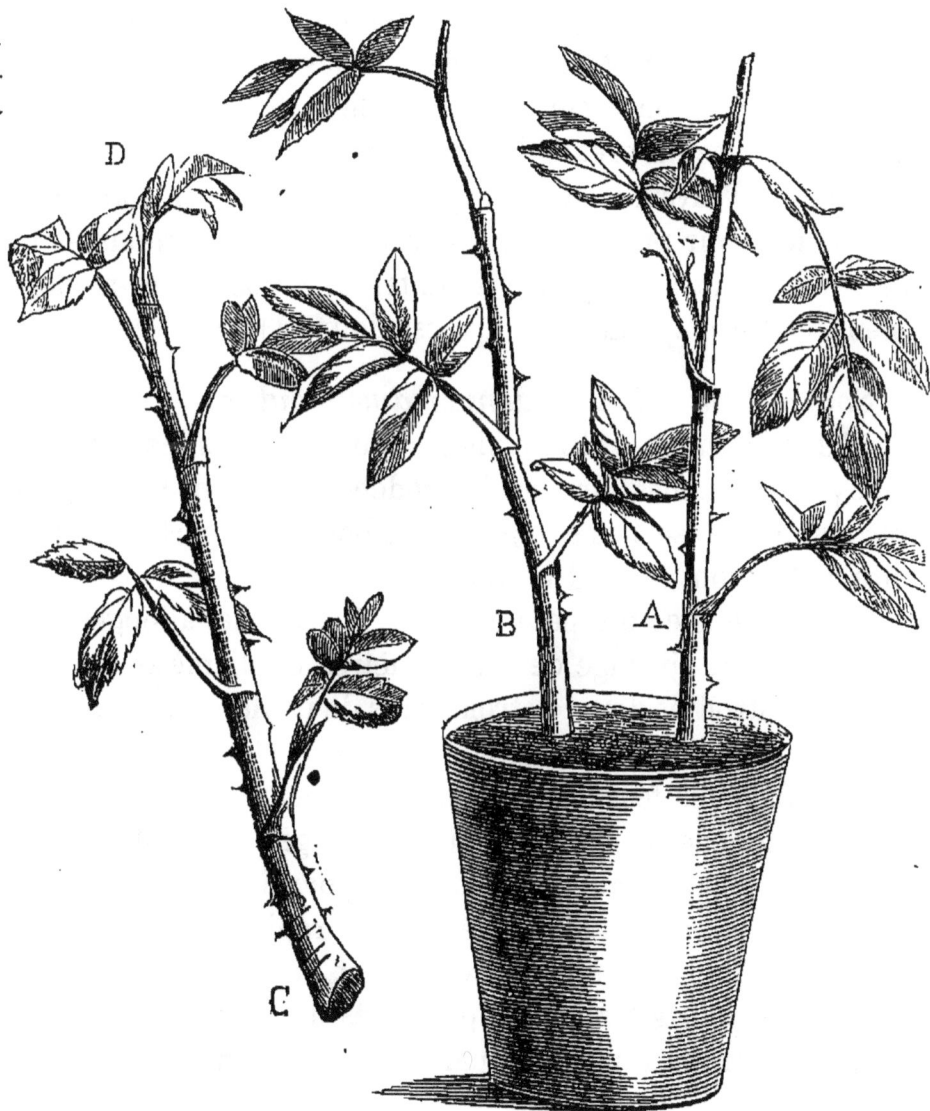

Fig. 13. — Boutures à chaud avec rameau garni de feuilles.

ment, et on sépare les groupes par un brin de paille ou de jonc posé sur le sol.

Les boutures sont retirées des cloches à mesure qu'elles

s'enracinent; elles doivent y être remplacées immédiatement par d'autres, afin d'établir un roulement continu dans le travail.

Les boutures enracinées sont placées dans des coffres à froid sous châssis, et garanties pendant l'hiver par des réchauds de fumier sec et par des paillassons. Si la terre est légère, on y enfonce complètement le godet; si elle est forte, on la recouvre au préalable d'une couche de sable fin.

Pendant l'hiver, il ne faut que très-peu de soins aux boutures : les tenir propres, c'est-à-dire enlever les mousses qui se développent à la surface de la terre, arroser très-modérément, et aérer quand le temps est doux (1).

Soins d'entretien à donner aux boutures faites sous cloche à chaud. — Il faut visiter tous les jours les boutures, essuyer les cloches, arroser les godets qui en ont besoin, retirer les feuilles sèches et enlever les boutures mortes, c'est-à-dire celles dont le pied noircit.

On arrose avec un petit arrosoir à branche allongée, terminée par un ajustage de 4 millimètres de diamètre dans lequel on introduit deux ou trois brins de paille, pour que l'eau coule goutte à goutte.

On enlève les feuilles avec un bâtonnet pointu ou une tige de fil de fer, de manière à ne pas déranger les boutures.

Souvent à la surface de la tannée apparaissent des champignons jaunes ou noirs, qui s'étendent rapidement et envahiraient les boutures si on n'y portait remède. Il faut alors enlever les godets les plus rapprochés de ces végétations, remanier la tannée, rejeter les parties qui contiennent des cham-

_____

(1) Si le puceron vert se montre sur les jeunes plantes, on fait des fumigations de tabac, le soir, quand les paillassons sont placés. Le principe morbide de la fumée agit pendant toute la nuit.

Il va sans dire que des rempotages successifs se feront à mesure du développement des Rosiers.

pignons et refaire toute la bâche de proche en proche, en déplaçant toutes les cloches.

Quelquefois un acarus ou un ver très-menu décompose la terre des godets ; on remplace immédiatement la terre décomposée par de la terre nouvelle, et on replace le godet sous cloche.

La serre doit avoir une température de 15 à 20° et être toujours ombrée, les coups de soleil étant mortels pour les boutures. Par conséquent, les paillassons, ou claies, seront placés quand le soleil luit, et retirés le soir pour être replacés le matin.

Influence du milieu dans lequel se trouvent les boutures. — En examinant attentivement dans quelles conditions se trouvent les boutures faites par les différents systèmes, on s'explique comment les choses se passent dans chaque cas, et par suite quel est le mode le plus avantageux.

Les boutures sans feuilles faites à froid à l'automne réussissent généralement et donnent des Rosiers vigoureux. Ces boutures, dès l'automne et pendant l'hiver, développent des racines ; l'œil pendant ce temps ne semble pas bouger ; il se fortifie néanmoins, et lorsque la chaleur printanière provoque son réveil et le fait percer en bourgeon, il trouve dans les racines un système bien préparé, qui, se développant parallèlement avec le système foliacé, tient dans un juste équilibre la nourriture souterraine et la nourriture aérienne.

Ce développement successif des deux systèmes de la plante tient au milieu dans lequel elle se trouve. En effet, à l'automne la terre est encore échauffée par les feux de l'été ; l'air, au contraire, est déjà refroidi par les brouillards et par les nuits plus longues, d'où il suit qu'en faisant une bouture en cette saison, la chaleur terrestre attire à la partie inférieure du sol toute la séve du rameau, la met en contact avec les principes du sol, et pousse à la formation du bourrelet et du chevelu.

Pendant ce temps, la circulation est extrêmement ralentie dans la partie supérieure par une double cause : d'abord par la température de l'air qui est trop basse pour stimuler la séve ; ensuite, par la température du sol qui, plus élevée, attire la vie en dessous. On pourrait presque dire qu'en ce moment la bouture ne vit que par le pied. Au printemps, au contraire, c'est la végétation aérienne qui l'emporte ; alors le courant change, et la vie remonte peu à peu.

Dans les boutures sous cloche les choses vont plus vite, mais moins sûrement. Le pied de la bouture, mis dans une bâche qui est à 15° environ, a toute la chaleur voulue pour développer des racines, mais sa partie supérieure, qui en a 25 ou 30, attire tout à elle ; la vie aérienne prédomine, et la formation des feuilles va plus vite que la formation des racines. De là des plantes qui, avec une tête souvent très-belle, sont peu vigoureuses. Le système souterrain ne peut fournir tout ce que demande le système aérien, lorsque le Rosier est abandonné à sa végétation propre en dehors de tout moyen factice.

Bien souvent les boutures sous cloche, après avoir donné de beaux bourgeons, se fanent et meurent, et on peut constater qu'au pied il y a très-peu de racines, quelquefois pas du tout. C'est que, dans ce cas, l'action supérieure a trop dominé l'action inférieure : l'équilibre a été rompu.

On voit par là que celui qui fait des boutures sous cloche ne doit pas pousser à un développement exagéré de bourgeons, et qu'il doit savoir régler la température de l'air et celle de la bâche de manière à ce que les organes souterrains puissent se développer en même temps que les organes aé-riens.

Tous les praticiens savent que les boutures prises à la base du rameau font éprouver moins de pertes que celles qui sont prises au milieu, et celles-ci moins que les boutures prises au sommet. Ce fait confirme ce que nous disions tout à l'heure

sur l'équilibre qui doit exister dans les végétations souterraines et aériennes, et montre encore qu'il est préférable que
le travail inférieur précède le travail supérieur. En effet,
chacun sait que les yeux de la base des rameaux sont peu
développés ; ils sont presque latents, et si les choses avaient
suivi leur cours naturel, ils ne se seraient pas ouverts, les yeux
du bout d'abord, ceux du milieu ensuite, devant se développer
selon les besoins de la plante. Ces yeux de la base sont
comme une sorte de réserve qui ne donne que dans les cas
extrêmes. Il suit de là que ces yeux, étant très-peu avancés
dans leur formation, sont peu influencés par les agents extérieurs ; ils n'attirent pas la séve à eux, et le pied de la bouture a tout le temps de produire des racines, si bien qu'un
peu plus tard, quand l'œil perce, il trouve un chevelu capable
de le nourrir.

Une autre raison encore fait que les boutures de la base
réussissent mieux : c'est que leur bois est plus aoûté ; par
conséquent les tissus peuvent recevoir l'afflux de la séve, et
l'élaborer, sans craindre la pourriture qui se développe dans
les bois imparfaitement constitués.

§ 3. — Multiplication par marcottes.

Marcottes en tranchées. — Ce mode de multiplication
s'applique dans la grande culture aux variétés de Rosiers qui
reprennent difficilement de bouture et qui, en général, fournissent les sujets pour greffer les variétés délicates ou rares.
Tels sont les Rosiers bifères ou des Quatre-Saisons, Royal, Manetti, Cent-feuilles, Pompon de Bourgogne et quelques Damas.

Les Rosiers choisis pour pieds-mères doivent être francs
de pied, ou seulement par exception greffés rez de terre, être
âgés de deux ans au moins, avoir de bonnes racines, et cons-
tituer des sujets vigoureux.

On plante par carrés, chaque carré ne recevant qu'une seule variété.

Le terrain est divisé en planches larges de 40 centimètres et espacées de 70 centimètres. On creuse les planches jusqu'à 30 centimètres de profondeur, et on rejette les terres dans l'intervalle des planches, où elles forment un ados. La tranchée ainsi ouverte, on donne au fond un bon labour, et on procède à la plantation des Rosiers-mères, plantation qui se fait en novembre. On rafraîchit les racines, on nettoie les branches, puis on met les pieds en terre au milieu de la tranchée, en les espaçant de 60 centimètres ou de 40 centimètres, selon que la variété plantée est à longs rameaux ou à rameaux droits. La plantation faite, le fond de la tranchée reçoit un lit d'engrais, terreau de gadoue ou terreau de couche, que l'on apporte à la hotte dite *hottiau*.

Une charge d'engrais est partagée en trois tas placés à 60 centimètres l'un de l'autre, ce qui revient à mettre une hottée par 1ᵐ 80 courant de tranchée.

L'engrais est étendu immédiatement, et les choses restent en cet état jusqu'au printemps, époque où l'on taille en coupant rez de terre toutes les branches des Rosiers. Cette taille provoque dans chaque pied la naissance de nombreux bourgeons, dont on favorise le développement par des surcharges et des binages de propreté donnés pendant l'été.

A chaque binage, on fait couler un peu de terre prise sur l'ados; on rechausse ainsi les pieds-mères, et, par ce moyen, on les garantit des effets de la sécheresse.

Au printemps de la seconde année et avant le réveil de la végétation, on remplit complètement les tranchées avec la terre des ados; ce rechaussage déterminera la sortie de racines au collet des jeunes rameaux.

Pendant l'été et l'automne, on donne les sarclages et les binages réclamés par la saison.

Au mois de novembre on sèvre la marcotte. Pour cela, on

déchausse en partie le pied-mère, puis avec le sécateur ou la serpette on coupe le rameau au-dessous de la partie enracinée, en laissant du côté du pied un onglet garni de deux ou trois yeux.

C'est de ces yeux que sortiront les nouveaux bourgeons qui, après une année de végétation en toute liberté, seront buttés, puis détachés à la fin de la deuxième année.

L'exploitation du carré se poursuivra de cette manière, fournissant une levée de marcottes de deux années l'une, et cela pendant douze à quinze ans, si, outre les soins déjà recommandés, on donne tous les trois ans une bonne fumure.

En plantant deux carrés à un an de distance, on lèvera des marcottes tous les ans. Ajoutons en passant que le terrain des ados peut être utilisé par la culture de petits légumes, ail, oignon, salade, mais seulement pendant les premières années.

Les marcottes dont nous nous occupons sont livrées au commerce, sous le nom de chènevottes, par bottes de 100 à 500, et au prix de 12 à 20 fr. le mille. Dans les environs de Paris c'est la commune de Fontenay-aux-Roses qui a la spécialité de ce genre de culture.

Les chènevottes, à leur sortie des carrés, sont empotées ou mises en pépinière. Dans le premier cas elles reçoivent les greffes des nouveautés, soit en fente, soit en placage, pendant l'hiver, ce qu'on appelle *greffe forcée*; dans le second cas, on les plante par planches, sur quatre rangs, et espacées de 35 centimètres en tous sens. Alors elles sont écussonnées et produisent des Rosiers nains, qui drageonnent moins que ceux qui sont greffés sur églantier.

Marcottes par couchage avec entailles. — Ce genre de marcotte est appliqué avec succès aux Rosiers sarmenteux dont les pousses annuelles ont de 1 à 3 mètres de longueur.

Dans la culture marchande les pieds-mères sont plantés

en carrés et espacés entre eux de 1^m 20 à 2 mètres, selon la vigueur des variétés.

Au printemps qui suit la plantation on rabat rez de terre les branches de chaque pied-mère, pour obtenir de beaux rameaux qui se développent pendant l'été et l'automne. A l'approche des froids, on empaille ces rameaux pour les préserver de la gelée qui, si elle ne les faisait pas périr, pourrait altérer le tissu ligneux, ralentir la végétation et compromettre par là le succès du marcottage.

Au mois d'avril ou de mai, quand la gelée n'est plus à craindre et que la séve produit un mouvement de végétation, on opère de la manière suivante :

On ouvre autour du pied-mère une tranchée large de 40 centimètres et profonde de 25 (un peu plus ou un peu moins, selon que la terre est plus ou moins forte), puis on couche un rameau dans le fond de la tranchée, en lui faisant décrire une courbe bien prononcée ; le rameau maintenu dans cette position reçoit une entaille à mi-bois, pratiquée à la base d'un œil placé sur le côté ou en dessous, et vers le point le plus bas de la courbe. On assujettit le rameau au fond de la tranchée au moyen d'un crochet en bois, long de 20 centimètres, et dont on doit avoir fait provision à l'avance. On place le crochet au milieu de la partie courbée, et on l'enfonce jusqu'à faire appuyer sur le rameau le sommet de l'angle ; on recouvre le tout avec un peu de terre.

Cette première opération se répète sur le pourtour de la circonférence et autant de fois qu'il y a de rameaux à marcotter. On a soin de prendre à chaque fois le rameau qui se présente le plus naturellement à l'opérateur, pour éviter les enchevêtrements ; il faut aussi s'arranger de manière à avoir au moins 5 à 7 centimètres d'intervalle entre chaque rameau couché.

Le couchage terminé, on comble la tranchée, soit avec la terre du carré si elle est assez légère et assez riche en engrais, soit, ce qui est préférable, avec un compost formé de parties égales de sable et de terreau de feuilles ou parties égales de sable et de vieille gadoue, le tout passé à la claie.

En arrivant au niveau du sol, on forme sur le bord extérieur de la tranchée un petit bourrelet de terre destiné à retenir les eaux d'arrosement.

Enfin, au point où chaque rameau sort de terre, on enfonce verticalement un tuteur de force suffisante, et, contre ce tuteur, on dresse et on maintient par des liens d'osier ou de jonc la partie libre du rameau.

Les marcottes seront suffisamment enracinées à l'automne si, pendant le courant de l'été, on leur a donné les soins que réclament les plantes dont on veut activer la végétation.

Marcotte après le sevrage. — Le sevrage se fait à la manière ordinaire, en coupant chaque marcotte vers le point d'entrée en terre.

On empote immédiatement le pied sevré dans un pot de 10 à 16 centimètres, selon la force du sujet.

Cette double opération, sevrage et empotage, se fait, selon les localités, à la fin d'octobre ou au commencement de novembre. Aussitôt qu'elle est terminée, les Rosiers sont placées dans le jardin, au levant si c'est possible, mais en tous cas dans un lieu à l'abri du vent et du soleil. Là ils attendent les premières gelées, sans réclamer d'autres soins que des arrosements, s'il en est besoin.

Aux premières gelées, on rentre les pots en orangerie ou dans tout autre local analogue; on peut aussi les placer en jauge, en inclinant les plantes, pour pouvoir les couvrir facilement et les garantir du froid.

Il ne faut pas oublier que les Rosiers dont nous nous occupons sont naturellement très-sensibles au froid, et que nos jeunes plantes le seront d'autant plus qu'elles étaient en pleine végétation au moment du sevrage, et que leurs extrémités,

encore herbacées, sont gorgées
d'humidité au commencement de
l'hiver.

Telle est l'opération du marcottage par couchage avec entaille. Le lecteur a déjà compris
qu'elle se répète annuellement
sur chaque pied-mère, car, pendant que s'enracinent les rameaux couchés, le pied-mère
produit de nouvelles pousses qui,
à leur tour, seront marcottées
l'année suivante.

Il doit être bien compris qu'on
ne doit pas s'astreindre à marcotter toutes les pousses, mais
seulement celles qui sont saines
et vigoureuses. Quelquefois, parmi ces dernières, on rencontre
des rameaux assez forts pour
faire craindre une rupture dans
la partie courbée; dans ce cas
il est prudent de faire l'entaille
au-dessus du rameau, puis par
une légère torsion on la ramène
de côté, et, au moyen d'une es-
quille de bois, on écarte la lèvre
de l'entaille.

Lorsqu'on agit sur une variété
dont les rameaux sont très-
longs, on peut replier ces rameaux dans une seconde ou
même dans une troisième tranchée, de manière à tirer deux

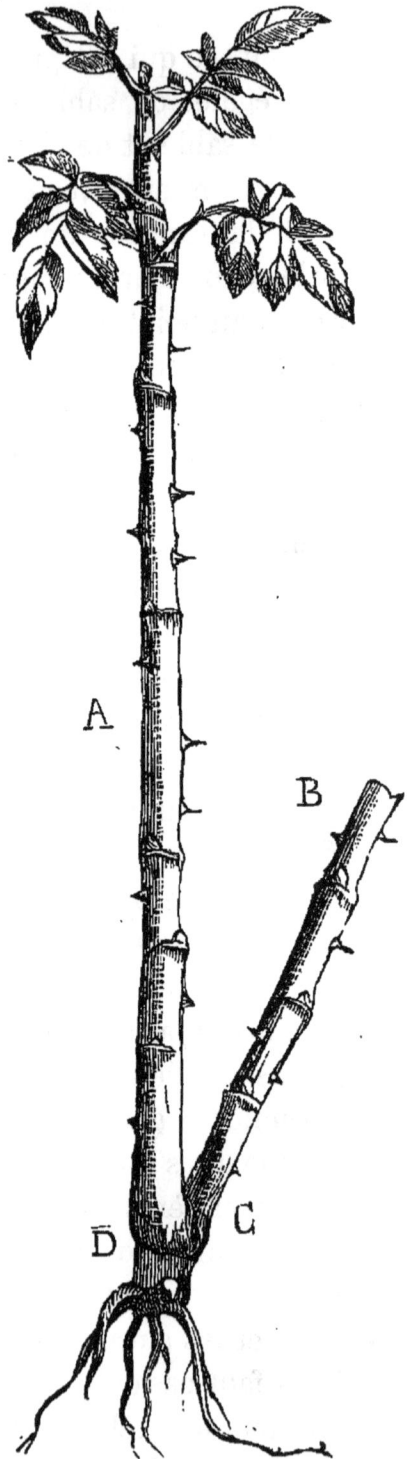

Fig. 14. — Marcotte après sevrage.

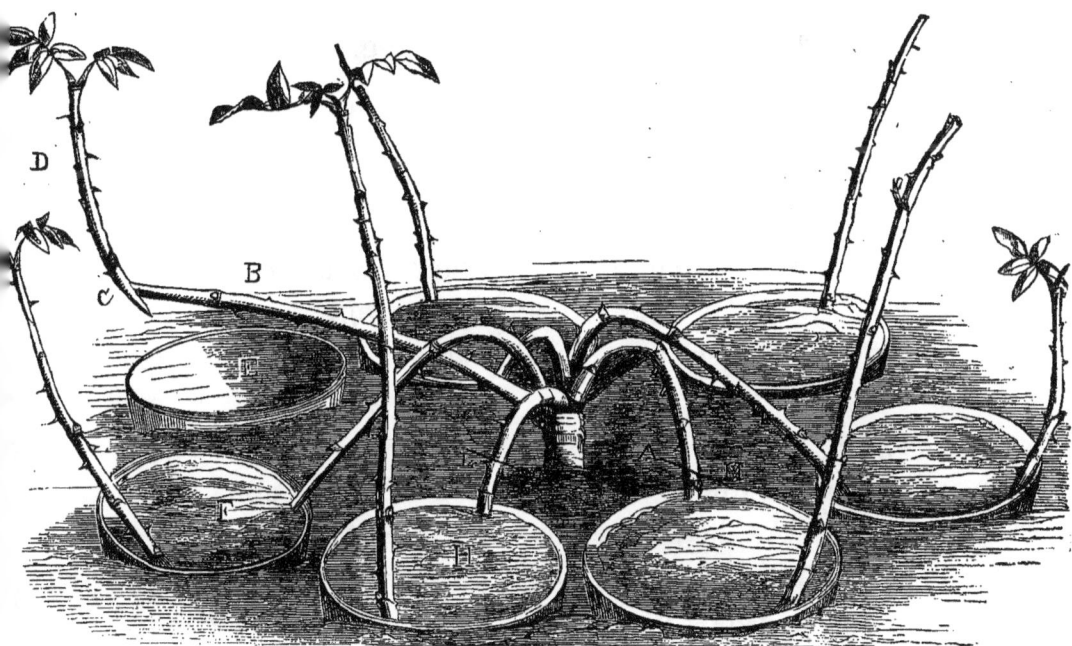

Fig. 15. — Marcottage en pots.

ou trois marcottes du même rameau. Ce mode, nommé *mar-cottage en serpenteau*, est fréquemment employé dans les pépinières pour la multiplication des plantes sarmenteuses.

Marcottage en pots. — Ce marcottage ne diffère du mar-cottage en tranchée que parce qu'au lieu de placer le brin plié dans la tranchée, on le met de suite dans un pot de 8 à 10 centimètres de diamètre, placé lui-même dans la tranchée. On évite ainsi l'opération du rempotage, et les marcottes souffrent moins.

La figure 15 donne le détail du marcottage.

§ 4. — De la Greffe.

Greffe en fente. — On distingue deux sortes de greffes en fente : la *greffe à l'air libre* et la *greffe forcée.* Ces deux greffes ne diffèrent que par l'époque à laquelle on les exécute.

La *greffe à l'air libre* se fait depuis mars jusqu'en avril. Malgré l'opinion d'un de nos savants collègues, nous per-sistons à croire que la greffe faite lors du premier mouve-ment de la végétation a plus de chance de réussite que celle qui a lieu dans le repos absolu de la séve. L'une des condi-tions de succès de la greffe est qu'il y ait contact, sinon mé-lange, entre le cambium du sujet et celui de la greffe ; or, ce contact ou mélange se fera plus facilement quand la végétation réveillée met en circulation tous les fluides séveux.

Les pépiniéristes de Vitry, qui s'appuient sur la pratique de plusieurs générations, greffent lors de la floraison et ne perdent pas plus de 10 p. 100 de leurs greffes.

Sur le plateau de Villejuif, un horticulteur fit greffer en février différentes espèces d'arbres d'ornement ; aucune greffe ne reprit. Un autre fit greffer en automne un carré de deux mille Pruniers; les deux mille greffes moururent, et une bonne partie des têtes des sujets fut à rabattre.

La *greffe forcée* se pratique en hiver pendant le repos de la séve, dont le mouvement est provoqué par la chaleur artificielle. On cultive en serre et en pots les sujets à greffer; puis, l'opération faite, le sujet greffé est placé sous cloche ou dans la tannée, la température de la serre étant tenue de 10 à 13°. Plus économiquement, on place les pots sur une couche, les tenant inclinés et complètement enterrés; la température est maintenue dans les environs de 10° par des réchauds de fumier.

Les greffes forcées de l'une ou de l'autre méthode peuvent être mises en pleine terre en mars ou avril.

Opération pratique de la greffe. — La figure 16 montre une tige d'Églantier greffée en fente. A est le rameau nommé *greffe* ou même *greffon;* il porte quatre yeux; la tête du sujet, coupée obliquement d'un coup de serpette, a été ensuite tronquée horizontalement en B au tiers de sa hauteur. Une fente verticale, profonde de 3 à 4 centimètres, est pratiquée en C. Le rameau (greffe ou greffon) est taillé en coin au-dessous de l'œil inférieur sur une longueur de 2 centimètres; le biseau ou plan incliné commence en D, à 3 millimètres au-dessus de l'œil et sur le côté; l'épaisseur réservée à hauteur de l'œil est de 4 à 5 millimètres. Le rameau ainsi taillé est tenu de la main gauche; de la droite et avec la pointe de la serpette, on entr'ouvre la fente et on y introduit le rameau, en ayant soin de faire coïncider l'écorce interne du sujet et celle du rameau, puis on ligature avec du fil E pour empêcher la fente de s'ouvrir lors de la croissance de la greffe; enfin on recouvre de cire à greffer la coupe, la fente et le sommet du rameau.

Quand le sujet est fort on met deux rameaux, comme le montre la figure. Dans ce cas la tête du sujet est coupée avec

Fig. 16. —
Greffe en fente.

l'égohine, parée avec la serpette, et, lors de la pose des greffes, la fente est maintenue ouverte à l'aide d'un petit coin de bois enfoncé dans le milieu et qu'on retire après la pose.

La greffe à deux rameaux a l'avantage de maintenir une égale répartition de la séve au sommet du sujet et de faire une tête plus régulière au Rosier.

Les greffes doivent être garanties des coups de soleil et de l'air trop vif au moyen d'un cornet de papier, ainsi que nous l'avons dit précédemment.

La greffe en fente se pratique sur tous les Rosiers, tiges, demi-tiges et nains. En plaçant la greffe de ceux-ci au-dessous du niveau du sol, on pourra former des Rosiers qui s'affranchiront et deviendront francs de pied.

On a reproché aux Rosiers tiges ou demi-tiges, greffés en fente, de ne pas vivre longtemps; nous croyons ce reproche peu fondé, car nous avons vu des Rosiers greffés âgés de quinze ans et pleins de vigueur ; le seul défaut que nous leur reconnaissions est la fragilité de la greffe dans le transport.

La figure 17 représente un sujet de Cent-Feuilles portant une greffe en fente âgée de cinq ans, de la variété mousseuse Salet. En A on voit le point où fut placée la greffe. B est le sujet haut de 60 centimètres lors de la greffe ; cette greffe, qui fut faite au printemps, produisit la même année une abondante floraison dont le poids aurait brisé le greffon, si on n'avait eu la précaution de soutenir chaque branche par un petit tuteur. Les traits noirs indiquent les branches qui doivent être supprimées à la taille, conformément aux règles données à l'article de la taille.

Choix des rameaux pour la greffe en fente. — Le choix des rameaux est d'une importance majeure pour la réussite; ils doivent être bien constitués, aoûtés, et être coupés en janvier ou février. On les réunit en petites bottes par variétés, et on les met en jauge dans une plate-bande au pied d'un mur au nord.

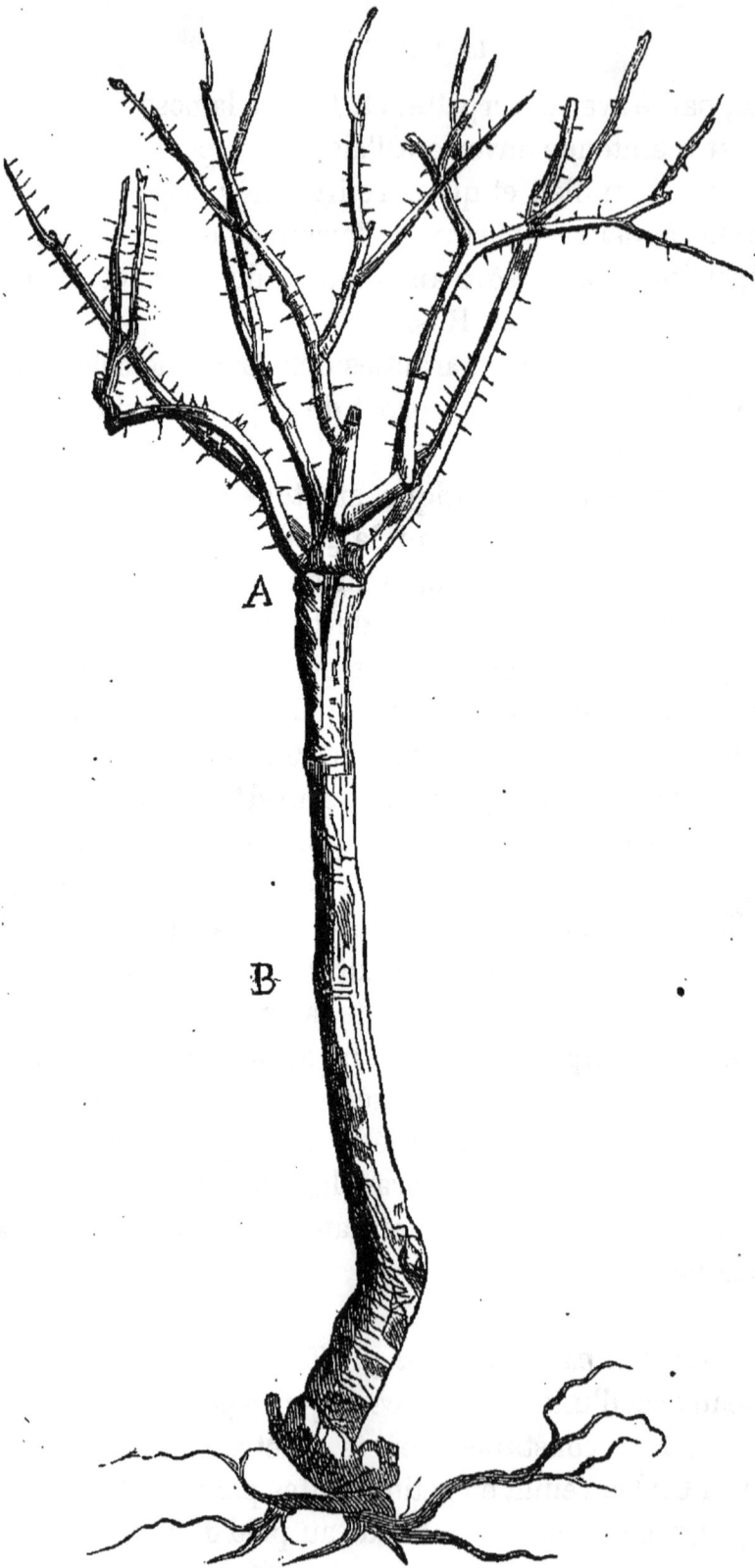

Fig. 17. — Rosier Cent-Feuilles portant greffe en fente.

La meilleure partie du rameau est le premier tiers à partir du bas, puis vient le deuxième tiers ; le troisième tiers du rameau ou partie supérieure ne doit pas être employé : le bois en est généralement mal aoûté.

La grosseur la plus convenable pour les greffons est de 4 à 6 millimètres. Pour des grosseurs supérieures il faut des sujets d'au moins 25 millimètres de diamètre, et l'ouverture de la fente étant plus grande, le rapprochement se fait difficilement ; il y a alors des vides intérieurs qui amènent le dessèchement de la greffe.

Greffe en fente double. — Lorsque le diamètre de la tige de l'Églantier le permet, on met deux greffes opposées, comme l'indique la figure 18. Les greffons sont taillés comme pour la greffe en fente simple et placés aux deux extrémités de la fente faite suivant un diamètre, les écorces du sujet et des greffons coïncidant exactement. C montre l'œil dont le développement favorisera la reprise ; B est la coupe du sujet, laquelle dans ce cas est horizontale.

La greffe à double rameau facilite l'ascension de la séve en la répartissant d'une manière égale sur le pourtour du sujet ; de plus, la tête du Rosier est plus régulière.

Greffe chinoise, ou greffe en placage perfectionnée. — La figure 19 représente une greffe très-solide, qui ne produit pas de bourrelet, ce qui permet de greffer des sujets de très-faible diamètre ; elle doit toujours être recouverte de cire à greffer. B, encoche pratiquée dans l'aubier du sujet ; A, extrémité de l'entaille, longue de 2 centimètres, et contre laquelle viendra s'appliquer l'entaille C faite à la greffe ; E, bourgeon de la pousse ; F, ligature.

Greffe à double entaille, ou à trait de Jupiter. — Ce genre de greffe, dont nous ignorons l'origine et le vrai nom, nous réussit très-bien sur le Pommier et sur le Rosier.

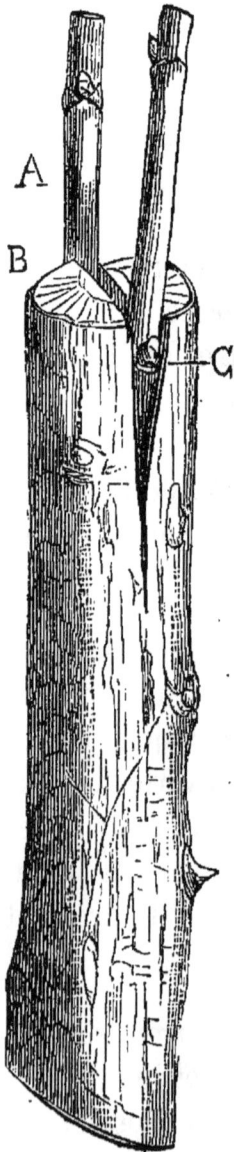

Fig. 18. —
Greffe en fente double.

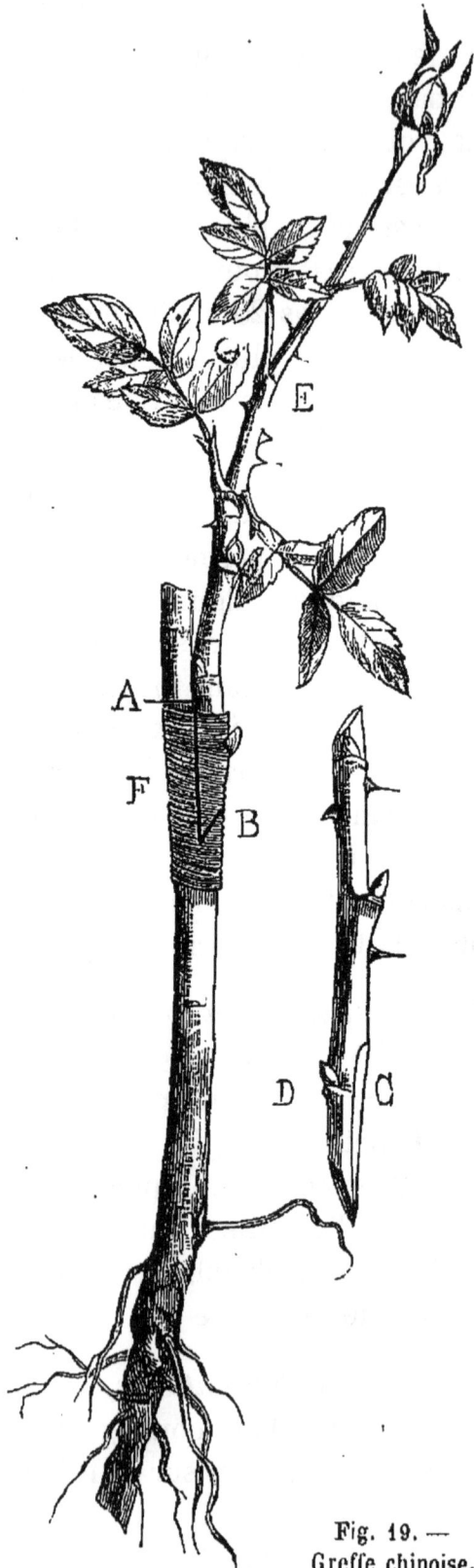

Fig. 19. —
Greffe chinoise.

Le rameau est entaillé en B (fig. 20) sur la moitié de son diamètre et sur une longueur de 7 millimètres. On retire la moitié du bois, depuis l'entaille jusqu'à la base, puis cette dernière est taillée en biseau du côté de l'écorce. Le sommet du sujet est taillé de même, mais en sens inverse, de manière à ce que les deux parties s'agencent comme le montre la figure. On ligature et on couvre de cire à greffer.

Cette greffe est très-solide; elle ne forme pas de bourrelet, et le rameau se trouve dans le prolongement de l'axe du sujet, ce qui donne à la plante un port très-régulier.

Greffe forcée (greffe Huard). — Cette greffe, représentée par la figure 21, est la plus employée chez les horticulteurs.

Notre collègue, M. Lévêque fils, à Ivry-sur-Seine, exécute chaque hiver de quinze à vingt mille greffes de Rosiers, ce qui lui permet de livrer au printemps les nouveautés par milliers. Les sujets propres à cette greffe sont les variétés Manetti, de la Grifferaie et les jeunes Églantiers de semis. Dans le courant de novembre, on dispose ces plants en habillant les racines, et les jeunes tiges sont réduites à la longueur de 10 centimètres. On les empote ensuite dans des godets de 10 à 11 centimètres, dans de la terre plutôt légère que forte; cette terre peut être composée d'un tiers de terre franche, un tiers de terreau vieille gadoue, et l'autre tiers de terre de bruyère ou de sablon fin, le tout bien mélangé; il faut seulement que cette préparation ne soit pas trop humide. On foule la terre autour de chaque Rosier, on arrose, on rentre en serre ou sous des châssis à froid, pour activer le développement des racines qui mettront le sujet en végétation.

Dans la première quinzaine de janvier, on procède à la première saison des greffes, pour continuer jusqu'en février, en se servant des jeunes pousses en herbe provenant des premières greffes, ou en se servant de jeunes bourgeons pris sur les Rosiers que l'on aura préalablement rentrés en serre.

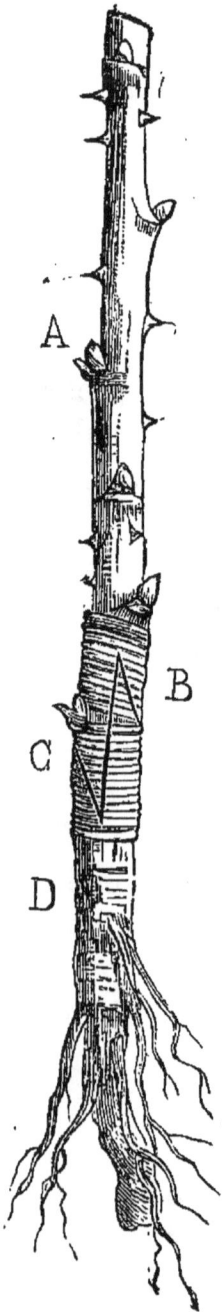

Fig. 20. —
Greffe à double entaille.

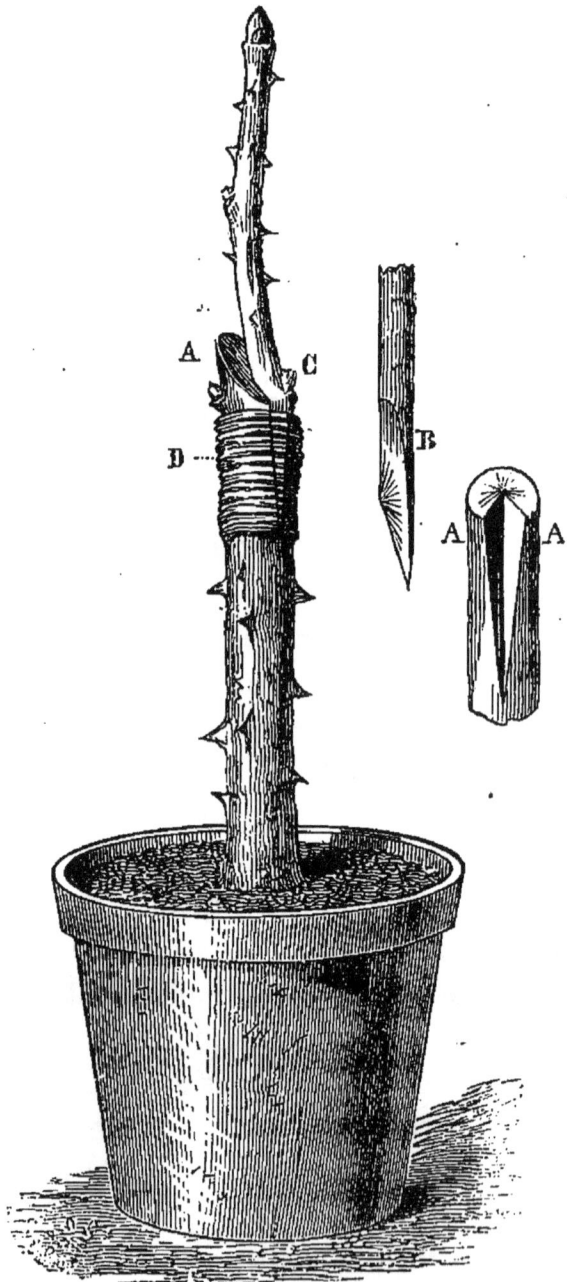

Fig. 21. —
Greffe forcée (*Greffe Huard*).

Pour exécuter cette greffe, on commence par couper la tige à 6 centimètres en biseau incliné, comme le représente la figure 21. Ce biseau doit être fait à l'opposé d'un œil que l'on ménage, pour attirer la sève au sommet. A la base de ce biseau, on pratique une encoche triangulaire de 2 centimètres de longueur et du diamètre du greffon B, taillé sur deux faces, sans attaquer la moelle, en commençant à la hauteur de l'œil inférieur. Ce greffon doit remplir exactement le vide AA; il est même avantageux de faire entrer l'œil à moitié de la longueur de l'encoche, cet œil se trouvant à l'abri des accidents qui peuvent arriver aux greffons, en même temps qu'il provoque le soudage de la greffe au sujet.

Pour que l'opération soit bien faite, il faut que les parties internes de l'écorce du greffon coïncident exactement avec celles du sujet; autrement il ne faut pas hésiter à rectifier les parties qui laissent des vides. Le tout ainsi ajusté, on maintient le greffon entre le pouce et l'index de la main gauche, et de la droite on ligature avec du gros fil, afin d'assujettir la greffe en D. Après cela on recouvre la surface du biseau, la coupe de l'encoche et le sommet du greffon de cire à greffer, afin de le préserver du contact de l'air.

Ces greffes sont ensuite placées sous des cloches dans la serre à multiplication, ou dans des petits coffres adaptés sur les bâches de la serre, et recouverts de châssis, en maintenant la température intérieure à 15 ou 20 degrés au moyen du thermosiphon.

A défaut de serre, on peut monter une couche de 35 à 40 centimètres d'épaisseur, composée de moitié fumier de cheval et moitié de feuilles sèches, que l'on mélange en montant la couche. Cette couche une fois montée, on la foule avec les pieds pour que sa surface soit de niveau, et on l'arrose si le fumier est trop sec, après quoi on place les coffres que l'on remplit de vieille tannée ou de terreau léger, sur une épaisseur de 10 centimètres. Au bout de cinq ou six jours, lorsque la chaleur est montée, on remplit chaque coffre en plaçant les greffes très-près, sans enterrer les pots.

Greffe herbacée. — Les greffes de la deuxième saison se pratiquent de la même manière; la seule différence consiste dans le choix du jeune greffon, qui est pris, soit sur les greffes de la première saison, soit sur des sujets cultivés en pots et préalablement rentrés en serre depuis le mois de novembre.

Dans la deuxième quinzaine de janvier, on se sert des jeunes bourgeons qui ont pris de la consistance, et on les réduit par sections de trois yeux, en ménageant pour chaque greffon deux ou trois feuilles à chaque pétiole.

Ces greffons en herbe sont placés sur des sujets tenus en réserve dans la serre ou sous des châssis, et qui doivent être en végétation. On procède comme pour les greffes de première saison, et ce n'est qu'à l'état des jeunes bourgeons que l'on emploie que cette greffe doit son nom de *greffe herbacée*.

Les soins à donner à ces greffes d'hiver consistent à maintenir une température légèrement humide, afin de favoriser le bourrelet des greffes, puis à surveiller et à couper les drageons qui poussent aux pieds des Rosiers, et ne supprimer que successivement ceux qui naissent sur le corps des tiges, parce qu'ils provoquent l'ascension de la sève vers la greffe; alors on se contente d'en pincer les sommets pour éviter une perte de sève, et ce n'est que lorsque cette dernière est en pleine végétation qu'on en opère la suppression totale. Les autres soins seront de garantir les greffes des gelées en entourant les coffres de réchauds de fumier sec, et en couvrant de paillassons les châssis pendant les nuits froides; profiter du milieu du jour pour donner un peu d'air quand il y a excès d'humidité, et ombrer avec de la litière lorsque le soleil est trop ardent. On peut encore badigeonner le verre des châssis avec un lait de chaux, pour atténuer les effets des rayons solaires; les arrosages doivent être modérés. Lorsque les greffes

4.

sont bien reprises et que les pousses ont une longueur de 20 centimètres, on les passe dans une serre tempérée ou sous des châssis à froid, où elles continuent leurs pousses, en attendant le moment favorable pour les planter en pleine terre.

Greffe sur bouture. — Cette greffe s'exécute de la même manière que la précédente ; elle en diffère par le choix des rameaux non enracinés qui servent de sujets. Pour cette sorte de greffe on fait choix de rameaux de Rosiers des variétés dont les boutures s'enracinent facilement et rapidement ; tels sont :

les Rosiers Jules Margotin, la Reine, Jacques Laffitte, Pie IX, de La Grifferaie, Manetti. Les rameaux sont du diamètre de 5 à 7 millimètres, divisés par sections de 6 à 8 centimètres de longueur, conservant autant que possible les talons ou empatements à ceux qui en portent ; les autres seront taillés horizontalement au-dessous de l'œil de la base, comme nous l'avons expliqué au chapitre *bouture.* C'est sur le sommet de chacune de ces boutures que l'on opère la greffe représentée par les figures ci-contre. Les greffons seront toujours d'un diamètre inférieur à celui de la bouture et seront pris de préférence sur les belles variétés de Rosiers Thés, dont le bouturage exige de la chaleur et des soins particuliers.

Greffe　　　Greffe
sans empa-　avec empa-
tement.　　tement.

Un excellent moyen serait de placer des écussons, aux mois d'août et septembre, sur les rameaux les plus vigoureux des Rosiers, en les posant assez rapprochés pour permettre de les bouturer ensuite, de sorte que chaque bouture portant un écusson constituerait un nouveau sujet qui serait moins disposé à produire des drageons.

L'époque la plus favorable à la réussite de ces greffes commence au milieu de septembre et finit vers le milieu de décembre, car pour les dernières il est prudent de tenir en réserve des rameaux, afin qu'ils ne soient pas atteints par les gelées. Ces greffes ont l'avantage de pouvoir se pratiquer en chambre ou dans la serre, pendant les gelées, ce qui permet d'en faire une grande quantité. Avant de les repiquer, on les place soit dans du sablon ou de la terre de bruyère, à raison de 80 par cloche et 800 par châssis; les soins à donner sont les mêmes que pour les boutures faites à froid; une fois que les greffes poussent, il faut leur donner de l'air en soulevant les cloches et les châssis, et les retirer entièrement lorsque les gelées ne sont plus à craindre, c'est-à-dire environ vers le milieu de mars, afin d'habituer les pousses à l'air, ce qui facilite la plantation à demeure, qui doit avoir lieu vers le milieu de mai.

Greffe du Rosier sur racines. — La greffe sur racines mérite les honneurs de la propagande. Elle peut rendre de très-grands services dans la culture des Rosiers, surtout si on l'applique aux variétés susceptibles de geler, telles que les Rosiers Thés, Ile-Bourbon, Bengale, et quelques hybrides de Bourbon.

Nous avons vu que souvent les Rosiers gèlent. Quand ils sont francs de pied ils repoussent quelquefois, et le mal est en partie réparé; mais s'ils sont greffés, il ne reste que l'Églantier, qui lui-même succombe dans bien des cas.

C'est pour atténuer les effets désastreux de la gelée que nous conseillons la greffe sur racines, qui remplit toutes les conditions de rusticité, de bonne végétation et de reprise facile.

Les variétés qui conviennent le mieux sont : la Royale, les Quatre-Saisons, le Manetti, et même la Cent-Feuilles (1).

_____

(1) On peut greffer au printemps ou à l'automne; les greffes d'automne ont plus de chance de reprise.

On coupe les racines en tronçons de 7 à 8 centimètres de longueur, en conservant soigneusement le chevelu. Les tron-

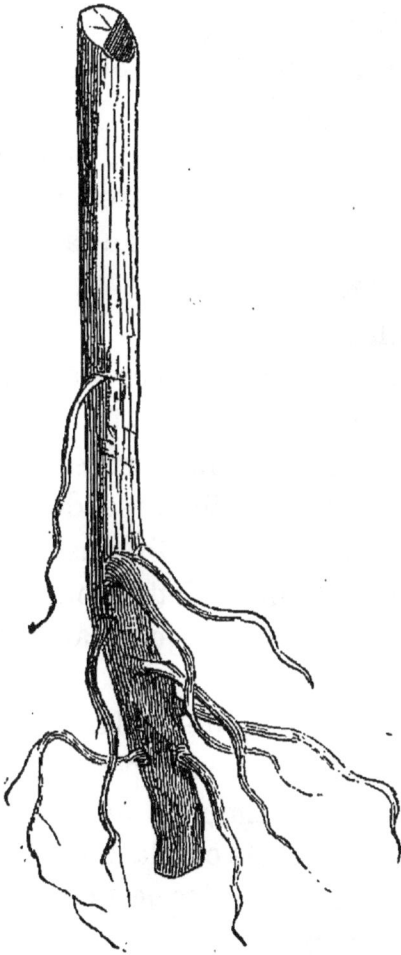

Fig. 22. — Racine prête à recevoir
la greffe.

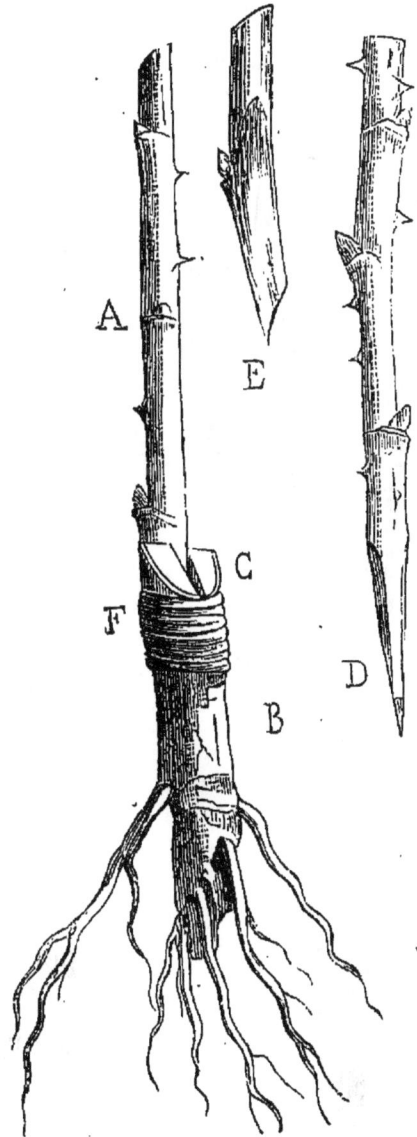

Fig. 23. — Greffe sur racine.

çons doivent avoir de 5 à 20 millimètres de diamètre ; les plus gros sont greffés en fente, les plus petits en placage de côté.

Les rameaux ou greffons ont deux yeux. On les taille en

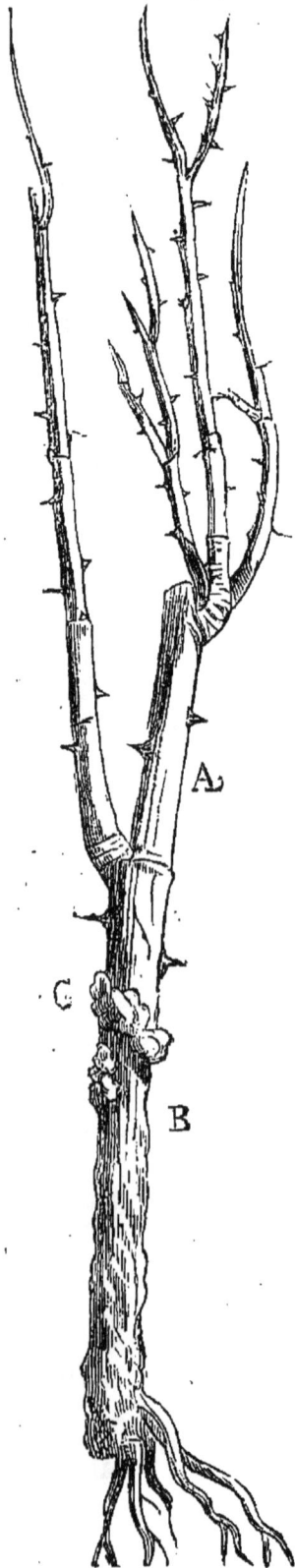

Fig. 24. — Rosier greffé sur racine.

coin sur une longueur de 20 millimètres, le biseau commençant à 4
millimètres au-dessus de l'œil inférieur; on introduit le greffon dans la
fente de la racine, de manière à ce
que l'œil inférieur soit un peu au-
dessous de la coupe de la racine;
on fait coïncider les parties internes
des écorces, on ligature, et on recouvre de cire à greffer.

L'œil introduit dans la fente a pour
rôle de favoriser la reprise en appe-
lant la séve, et plus tard de faciliter
l'affranchissement, lorsque la greffe
sera en place.

Les greffes sont placées dans un
coffre posé sur une couche formée de
30 centimètres de fumier sec bien
foulé et de 20 centimètres de terreau et de terre de jardin mélangés
par parties égales. Cette couche a
dû être préparée huit jours avant de
s'en servir.

On ouvre le long de la planche supérieure du coffre une petite tranchée de 12 centimètres de profondeur, dans laquelle on place les greffes, espacées entre elles de 4 centimètres et un peu inclinées; la première
tranchée garnie, on en ouvre une seconde à 6 centimètres de distance,
et on remplit la première avec les
terres de la seconde; on continue
ainsi jusqu'à l'extrémité du coffre.

Un coffre ordinaire peut recevoir 20 rangs de 50 greffes l'un, ce qui donne 1,000 Rosiers dans un très-petit espace.

On place le châssis, et on ombre avec un paillasson si on a opéré au printemps, avec des feuilles sèches si on a greffé à l'automne.

Les arrosages seront modérés. On les donnera seulement lorsque la terre sera desséchée, et on augmentera progressivement la distribution d'eau à mesure du développement des jeunes pousses.

Ces greffes peuvent passer l'hiver sous châssis, si on a le soin de garnir le coffre d'un réchaud composé de moitié fumier et moitié feuilles sèches.

On peut aussi rentrer les greffes dans la serre à multiplication et les mettre d'abord sous cloche avec une température de 10 à 15°; plus tard, lorsqu'elles seront reprises, on les rempotera et on les passera dans la serre tempérée.

Quel qu'ait été le mode d'hivernage, on peut mettre les plantes en pleine terre, lorsque les gelées ne sont plus à craindre.

La greffe sur racines a pour avantages de pouvoir être faite à couvert par les jours de mauvais temps, de ne pas nécessiter de sujets, et enfin de donner des plantes qui, mises en place, s'affranchissent promptement et deviennent franches de pied.

Greffe en écusson. — On appelle écusson l'œil ou bourgeon rudimentaire qui est détaché du rameau où il est né pour être appliqué sur le rameau d'une autre espèce ou variété. Cette opération ne peut être faite que lorsque les Rosiers sont en séve, mais les résultats sont différents, selon que l'on opère au commencement de l'été ou en automne. Dans le premier cas, l'écusson ou œil peut se développer de suite en bourgeon et fleurir; dans le second cas, l'œil semble dormir pour ne se réveiller qu'au printemps suivant; de là la distinction des greffes à œil poussant et à œil dormant.

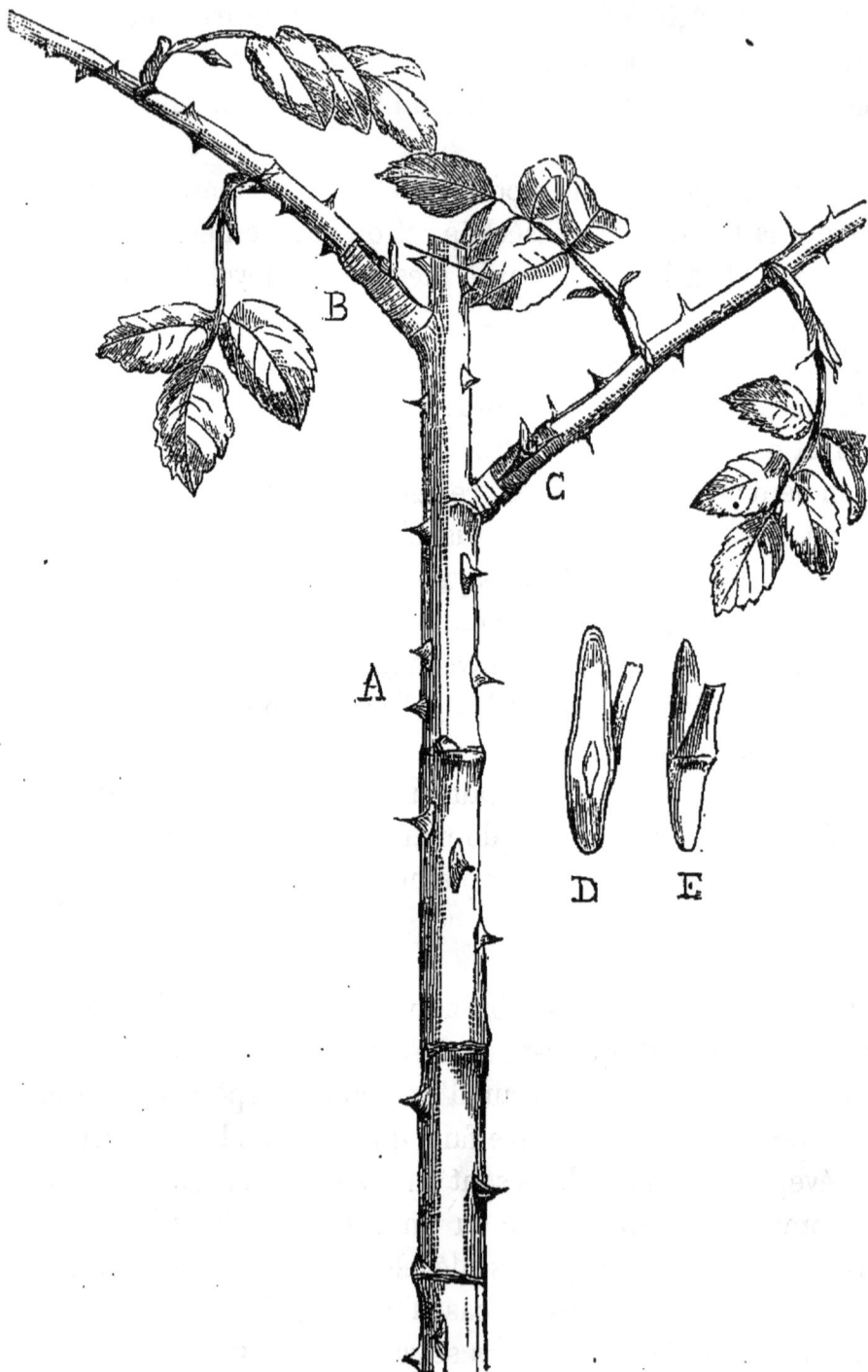

Fig. 25. — Greffe en écusson.

La manière de *lever* l'écusson et celle de le *poser* étant les mêmes dans tous les cas, nous allons les décrire, avant d'entrer dans les détails qui s'appliquent à l'une ou à l'autre greffe.

Pour lever l'écusson, on tient le rameau de la main gauche, le gros bout vers le poignet, et on le maintient entre le pouce et l'index. Le greffoir, dans la main droite, est tenu par les quatre derniers doigts fermés, le pouce de la main droite appuyé sur le rameau au-dessous de l'œil à enlever pour assurer et diriger les mouvements de la main. Présenter la lame du greffoir à 15 millimètres au-dessus de l'œil, l'engager dans l'écorce, et couper en descendant et en passant au-dessous de l'œil un lambeau de 3 ou 4 millimètres de large; s'arrêter à 10 millimètres au-dessous de l'œil, retirer la lame, et détacher l'écusson en coupant la partie soulevée par un trait transversal (voir D et E, fig. 25). Prendre l'écusson par le support ou pétiole, le retourner, enlever la petite lamelle d'aubier que l'on remarque à la partie supérieure ; en ployant légèrement avec le doigt cette partie supérieure qui est en biseau, l'écorce se sépare du bois, et on soulève l'aubier avec la pointe du greffoir. Il faut opérer avec soin, dans la crainte d'enlever le rudiment de l'œil ; il n'y a pas d'inconvénient à laisser un peu d'aubier, surtout quand la séve est très-forte.

Pour poser l'écusson, on fait sur la tige ou sur la branche, à l'endroit choisi à l'avance, deux incisions formant le T : l'une dans un plan perpendiculaire à l'axe de la branche et sur la moitié de la circonférence, l'autre dans le plan de l'axe et au-dessous de la première, sur une longueur de 30 à 35 millimètres. Ces deux incisions ne doivent couper que l'écorce, qui est ensuite soulevée avec la spatule du greffoir le long de la grande branche du T, pour faciliter l'introduction de l'écusson. Tenant celui-ci de la main gauche par le support, on l'introduit sous la partie soulevée de l'écorce, on le descend jusqu'au bout de la fente, et on le fait adhérer à l'aubier. Quand la partie supérieure de l'écusson dépasse l'incision transversale, on la coupe net à la hauteur de l'incision. Cela fait, on ligature avec de la laine (B et C, fig. 24). Les deux premiers tours se font au-dessus de l'incision pour fixer les bouts, puis on enveloppe sucessivement la greffe sans couvrir l'œil ; arrivé au bas, on passe le bout dans l'avant-dernier tour, et on serre.

On retire les ligatures avant de rabattre les tiges ou rameaux. Nous verrons plus loin que cette opération a lieu quinze à vingt jours après l'écussonnage à œil poussant, et au printemps pour les écussons à œil dormant. Pour enlever les ligatures, on coupe tous les brins avec la pointe du greffoir du côté opposé à l'œil, pour écarter toute chance d'accident (1).

Choix des rameaux destinés à fournir les écussons. — Ce choix est extrêmement important, car la constitution de l'œil écussonné a de l'influence sur la vigueur de l'arbuste qu'on veut créer, sur sa floraison et sur sa longévité.

Un œil pris sur un rameau gourmand déterminera une végétation fougueuse, qui donnera de suite au Rosier une belle tête, mais très-peu de fleurs. Ce fait est malheureusement exploité par la mauvaise foi ; quelquefois on greffe sciemment dans ces conditions des Rosiers du Roi, et on obtient en peu de temps des plantes dont l'apparence trompe l'acheteur, qui ne sait pas reconnaître cette espèce de fraude.

Un œil pris à la base d'un rameau se développe tardivement et reste à l'état latent.

(1) On a proposé de lever les écussons avec des fils de crin ou de soie, et de remplacer la ligature de laine par de petites lamelles de plomb ou par de petits rubans de caoutchouc. Ces petits procédés sont des fantaisies d'amateurs ; nous croyons que le praticien qui tient compte de son temps, et qui doit arriver à poser soixante-dix à quatre-vingts écussons à l'heure, fera bien de s'en tenir aux procédés ordinaires.

Un œil pris à l'aisselle des deux dernières feuilles, immédiatement au-dessous des pédoncules d'une Rose, et qui, dans l'état normal, est destiné à fleurir après la chute de cette Rose, provoquera après sa pose une floraison anticipée, qui troublera la végétation du sujet. La fleur se formant à l'extrémité du bourgeon, l'élongation de celui-ci sera arrêtée, et la séve sera refoulée sur des productions inutiles ou gourmandes. On emploie cependant ces yeux exceptionnellement, pour déterminer plusieurs floraisons successives dans des variétés rebelles à fleurir.

C'est donc dans la partie moyenne des rameaux qu'on trouve les yeux les plus convenables pour écussons.

Les rameaux choisis devront être bien constitués et suffisamment aoûtés, être en pleine séve, et avoir les yeux sains et bien formés; enfin, leur grosseur doit être en rapport avec celle des tiges ou rameaux sur lesquels les écussons doivent être posés (1).

Préparation des rameaux à écussons. — Si la pose des écussons n'a pas lieu sur place, on détache les rameaux choisis; on enlève la partie supérieure, qui est plus ou moins herbacée; on coupe toutes les feuilles, en ne laissant que la moitié du pétiole. On réunit les rameaux par petites bottes portant le numéro matricule de la variété, et on les enveloppe d'un linge mouillé, ou on plonge le pied dans un vase rempli d'eau pour conserver la fraîcheur de l'épiderme.

Ces précautions suffisent, si les rameaux doivent être utilisés à petites distances et à court jour; si, au contraire, ils doivent voyager, on les dispose par lits successifs sur de la mousse légèrement humide, de manière à former une sorte

---

(1) On peut être certain qu'un rameau est en séve quand son extrémité est encore herbacée et qu'elle continue à croître. De plus le liquide séveux doit suinter par les incisions faites pour la levée de l'écusson.

de cône ou pain de sucre; on ligature et on enveloppe avec du papier gommé.

Si, au moment de lever les écussons, on trouve des rameaux dont l'écorce s'est ridée ou dont quelques yeux semblent trop petits, on les fera tremper dans l'eau pendant vingt-quatre heures; l'écorce redeviendra lisse, et les yeux se gonfleront.

Quand on possède les pieds-mères sur lesquels on doit prendre les écussons, il est très-avantageux d'en visiter les rameaux afin de s'assurer de l'état des yeux, et si ces derniers sont plats et peu apparents, il suffit, huit jours d'avance, de pincer le sommet des bourgeons; cette opération a pour effet de refouler la sève dans les yeux et de les faire grossir très-rapidement, à tel point qu'ils se développeraient en bourgeons si on tardait à couper les rameaux.

Écusson à œil poussant. — Si, comme nous l'avons dit, l'ébourgeonnage a été bien suivi, et que les pousses aient pris assez de force et de consistance, on peut commencer à greffer en juin, ce qui permet de prendre sur les pousses de ces greffes de nouveaux écussons faits à œil dormant.

Cette greffe se pratique sous le climat de Paris à la fin de juin et pendant le mois de juillet; les deux conditions importantes à remplir sont d'avoir des sujets dont les rameaux soient bien constitués, en pleine sève, et des yeux bien formés sur les greffons. On peut avancer l'époque du greffage en prenant des rameaux sur des Rosiers qui ont passé leur hiver en serre.

Quelques jours avant la pose des écussons; on fait choix de la quantité de sujets pour disposer les bourgeons, en les arquant et en fixant les pointes contre la tige de l'Églantier; cette opération a pour résultat de concentrer la sève sur la partie coudée du bourgeon, ce qui favorise le développement du jeune écusson.

Quinze ou vingt jours après la pose des écussons, on les visite, afin de s'assurer de la reprise de tous ceux qui sont bien *soudés*. On reconnaît que cette soudure a eu lieu, quand le pétiole étant tombé, l'œil conserve sa couleur verte; on doit alors desserrer les ligatures, afin d'éviter l'étranglement et la casse des rameaux, et à mesure que les greffes se développent, on pratique un pincement sévère sur tous les bourgeons du sujet, et ce n'est que lorsque les pousses des greffes ont atteint 20 centimètres que l'on coupe successivement les rameaux jusqu'à deux nœuds de la greffe.

Enfin, lorsqu'il s'agit de Rosiers nains, il suffit de baisser les jeunes bourgeons, et de les maintenir dans cette position inclinée avec un crochet fixé en terre.

La greffe à œil poussant permet de multiplier rapidement les nouvelles variétés, et rend des services lorsque la gelée a détruit les greffes à œil dormant; elle sert à obtenir des rameaux destinés aux greffes de la dernière saison.

Écusson à œil dormant. — Cette greffe se pratique dans les environs de Paris du 15 août à la fin de septembre. Cette époque peut être avancée ou retardée, selon la température. Comme pour la greffe à œil poussant, il faut se servir de rameaux dont les yeux soient bien constitués; mais la sève, au lieu d'être en pleine activité, doit être à son déclin. Il faut qu'il y en ait assez pour la reprise ou soudure de l'œil, mais pas assez pour son développement en bourgeons; l'œil sommeillera alors pendant l'hiver jusqu'au réveil de la végétation.

Dans la préparation des sujets, il faut, huit ou quinze jours avant la pose des écussons, visiter les tiges et supprimer les bourgeons qui se sont développés sur leur longueur, ainsi que les petites ramilles. Près de la place où doit être posé l'écusson, les rameaux réservés au sommet de chaque tige sont au nombre de deux ou trois, rarement plus; tous les autres auront dû être retranchés pendant la végétation; autrement la

sève subirait un ralentissement, en se répandant en pure
perte à travers les plaies des
rameaux supprimés. Il est
préférable de les laisser tels
qu'ils sont pour ne pas trou-
bler la sève.

Les écussons se posent à
l'angle du rameau et de la
tige, deux ou trois par sujet en
raison de sa vigueur et des
rameaux que l'on a conservés. Quand un sujet n'a qu'un
seul rameau capable de recevoir un écusson, on peut le
greffer et placer un second
écusson dans l'écorce de la
tige, à l'opposé du rameau. Si
les deux rameaux sont trop
faibles, on placera sur la tige, au-dessous des rameaux
(fig. 26), deux écussons A et
B, opposés.

Enfin, dans les Rosiers
nains, il faut placer deux
écussons à la base, à 8 centimètres, comme le repré-
sente la figure 26; alors, pour
la réussite, il faut de jeunes
sujets à écorce lisse.

Quand les bourgeons des
écussons sont bien développés, on enlève la ligature, et
on rabat en C les tiges et

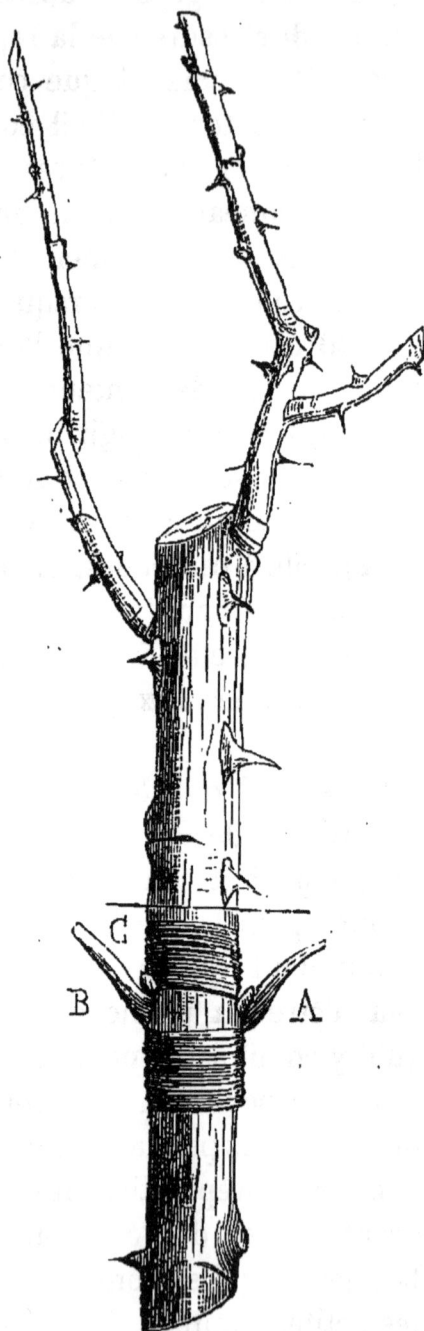

Fig. 26. — Greffe à double écusson.

les rameaux. Tiges et rameaux sont coupés au-dessus du bourgeon qui est immédiatement supérieur au dernier écusson. Ce bourgeon réservé est destiné à appeler la séve dans le rameau et à donner de la nourriture aux écussons ; on le coupe avec l'onglet qui le porte quand ces écussons sont bien développés.

Après avoir rabattu les rameaux, il faut appliquer contre chacun d'eux et du côté le plus exposé au vent un petit tuteur de 40 à 50 centimètres de longueur. On fixe ce tuteur contre la base du rameau, et on le fait dépasser de 30 centimètres au-delà du dernier écusson. A mesure que les bourgeons se dévèloppent, on les attache contre les tuteurs, et par ette précaution, on évite leur rupture ou le décollage des cécussons.

Pincement des premiers bourgeons. — Le but que l'on doit se proposer d'atteindre dans l'année qui suit la pose des écussons est moins une floraison plus ou moins complète que la formation d'une belle tête ; il ne faut donc pas hésiter à pincer les bourgeons vers leur troisième feuille à partir du sommet, qu'il y ait ou qu'il n'y ait pas au-delà promesse de fleurs, lorsque ces bourgeons ont atteint un développement convenable. La séve arrêtée se reporte sur les bourgeons latéraux, les fait ouvrir, et souvent une deuxième floraison indemnise largement du sacrifice qu'on a fait.

Greffe sur le collet des racines. — Le troisième mode de la greffe en écusson consiste à ouvrir une petite tranchée à côté des lignes de sujets, afin de dégager la base, que l'on nettoie à la main, puis on pose un ou deux écussons à la naissance des premières racines, et aux approches du froid, quand on a la certitude de la reprise, on retire les ligatures, et on remplit les tranchées. De la sorte, ces greffes ne sont découvertes et les sujets rabattus que dans la première quinzaine de mars, lorsque les gelées ne sont plus à crain dre. Au moyen de ce mode de greffe, il devient facile d'affranchir les greffes, surtout pour les Rosiers hybrides, et les transformer en francs de pied au moyen des racines qui sortent du bourrelet des greffes enterrées, et cette seule modification dans le placement des écussons les met à l'abri des gelées.

C'est ainsi que depuis quelques années les rosiéristes lyonnais se servent de jeunes Églantiers de semis, sur lesquels ils greffent leurs Rosiers nains, en plaçant les écussons sur le collet du pivot de la racine ; cette manière d'opérer donne de très-bons résultats quant à la végétation des greffes, mais ne modifie nullement la nature drageonnante du sujet. Nous avons pu vérifier le fait chez notre collègue, M. Lévêque fils, à Ivry-sur-Seine, en observant des Rosiers thés et hybrides, greffés sur des Églantiers de semis provenant des cultures lyonnaises. Ces Rosiers cultivés en pots avaient produit des groupes de bourgeons sur les racines qui touchaient aux parois des pots, et même l'on remarquait une quantité d'yeux latents sur le collet au-dessous de la greffe, et sur d'autres des bourgeons de 30 centimètres de longueur sortis sur le collet à côté de la greffe. C'est donc une grande erreur de croire que, par les sujets obtenus de semis, on ait modifié le mode de végétation inhérente à l'Églantier, qui de sa nature se reproduit naturellement de drageons qu'il émet sur toutes ses parties souterraines, car il suffit de fractionner les racines par sections et de les placer dans des conditions favorables pour obtenir autant de sujets que de sections placées en terre.

Au mois de mars, on profite des beaux jours pour visiter les écussons, rabattre les rameaux à deux yeux au-dessus de chaque écusson, puis retirer toutes les ligatures. Quant aux sujets dont les greffes ont manqué, il faut retrancher les rameaux de la tige pour faire naître de nouvelles pousses qui serviront pour la pose de nouveaux écussons.

Les soins généraux consistent à placer de petits tuteurs, fixés contre le sommet des tiges d'Églantiers, pour servir de supports aux jeunes pousses, en les attachant avec du jonc au fur et à mesure qu'elles s'allongent, et les garantir des coups de vent. Pendant la végétation, il faut pincer vigoureusement les bourgeons sortis des deux yeux laissés au-dessus des écussons, ainsi que ceux qui pousseront sur le corps des tiges, afin qu'ils ne dépensent pas la sève au détriment de ces derniers. Enfin, lorsqu'on veut faire ramifier les pousses des greffes, on en pince le sommet à la hauteur de 16 centimètres, ne supprimant les onglets qui dépassent les écussons que vers le mois d'août ou de septembre, au moment de la déplantation.

CHAPITRE IV.

TAILLE ET ENTRETIEN DU ROSIER.

De la taille du Rosier. — La *taille* est une opération qui a pour but de donner à la tête du Rosier la forme la plus convenable à sa nature, et aussi de rajeunir les branches pour obtenir une floraison abondante.

La manière de tailler dépend du mode de végétation du Rosier. Une taille courte appliquée à une variété très-vigoureuse donne lieu à un développement exagéré de drageons sur les racines et de gourmands sur les branches, productions qui épuisent le sujet sans donner de fleurs. Une taille longue appliquée à une variété faible fait produire plus de Roses que la sève n'en peut nourrir, et ces fleurs sont petites et mal conformées.

Si on pouvait répartir les Rosiers en catégories bien dis-

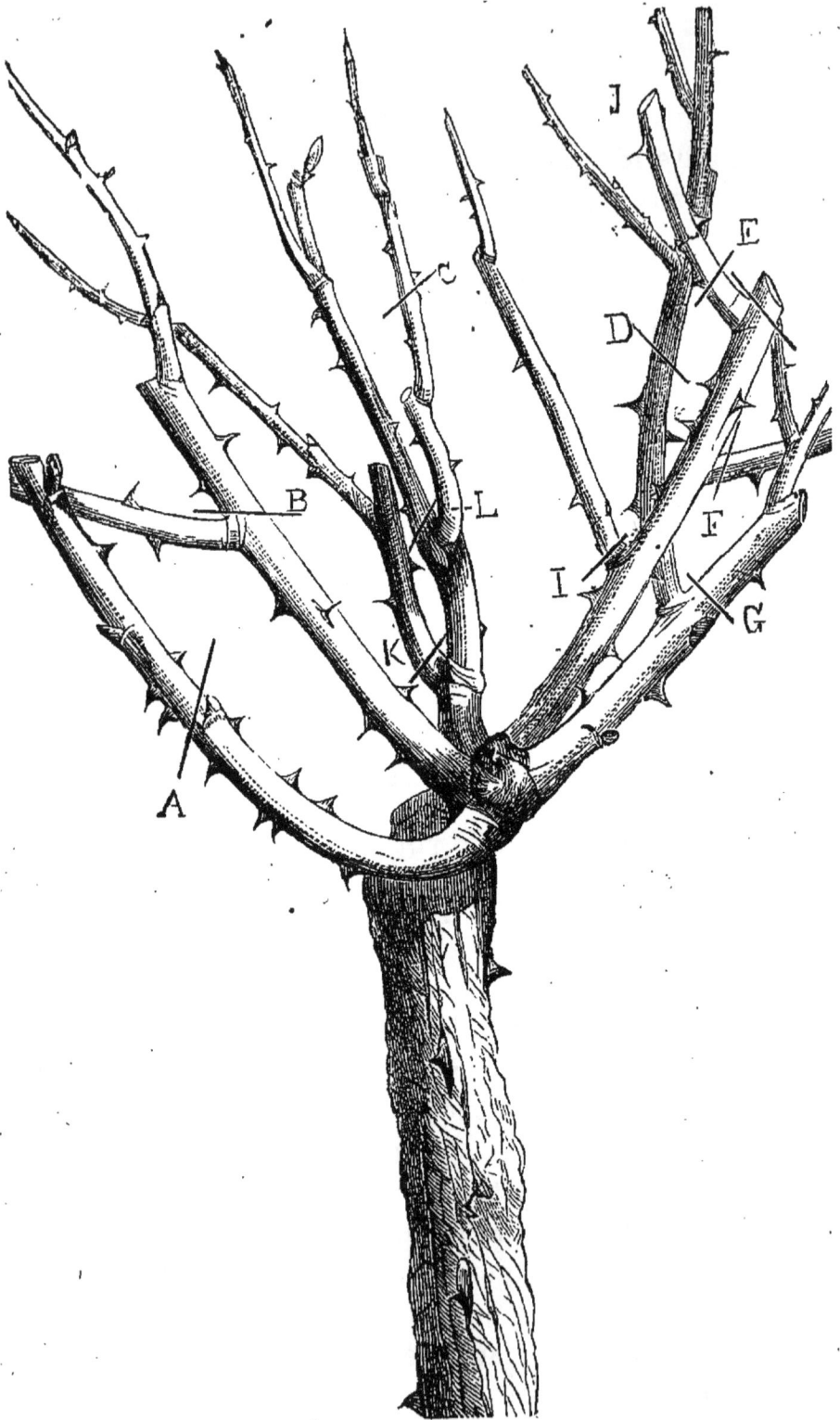

Fig. 27. — Taille du rosier.

tinctes, quant au mode de végétation, il deviendrait facile de préciser le genre de taille qui convient à chaque catégorie; mais cette répartition est très-difficile à faire d'une manière absolue, et en outre la végétation d'une variété pouvant varier du plus fort au plus faible, selon la fertilité du sol et selon le mode de culture, il s'ensuit que, dans la pratique, des règles trop absolues deviendraient embarrassantes, puisque le praticien doit tenir compte non seulement de la vigueur de la variété, mais encore de la vigueur du sujet. Nous croyons donc devoir nous borner à quelques principes généraux appliqués à des divisions naturelles sans spécification de variétés.

Nous dirons donc : Taillez (fig. 27) :

Les Rosiers à végétation faible et très-florifères, à deux ou trois yeux, soit 3 ou 4 centimètres;

Les Rosiers à végétation mixte, à quatre ou cinq yeux, soit à 8 ou 10 centimètres;

Les Rosiers vigoureux, à six ou sept yeux, soit à 15 ou 16 centimètres;

Les Rosiers sarmenteux peu florifères, à 20 ou 30 centimètres.

Pratique de la taille. — S'approcher du Rosier, examiner rapidement la tête et déterminer quels sont les rameaux qui doivent être conservés; nettoyer le Rosier en coupant les brindilles gourmandes à rameaux trop faibles ou mal placés; enlever les onglets des tailles précédentes, le bois mort, enfin tout ce qui nuirait à l'espèce et à la bonne conformation. Quand il ne reste plus que les rameaux conservés (six à dix, selon la force du Rosier), on les taille en leur appliquant les principes généraux établis ci-dessus. Établir la coupe en biseau à l'opposé de l'œil, à 1 centimètre au-dessus de celui-ci, et autant que possible sur un œil placé en dehors.

Pour guider les amateurs qui seraient livrés à eux-mêmes,

nous allons dire quelques mots sur la taille des variétés les plus connues.

Rosiers Thés, Ile-Bourbon, Noisette à rameaux très-florifères, greffés sur églantier, tailler court et espacer les rameaux de trois travers de doigt.

Rosiers Bengale, Thés, Noisette, Ile-Bourbon, francs de pied, ne laisser que cinq à six rameaux choisis à la base des coursons de l'année précédente, tailler sur trois ou quatre yeux.

Rosiers multiflores et *Sempervirens*, ordinairement employés à garnir des murs ou à former des colonnes, la première année tailler très-court pour obtenir deux ou trois bourgeons qui se développeront de 3 mètres environ; donner à ces bourgeons la direction désirée; la deuxième année les tailler à 1 mètre du point de naissance, ce qui fera ramifier sur les côtés ; à partir de la troisième année tailler le bourgeon terminal de 70 à 80 centimètres, et les ramifications latérales à trois yeux.

Rosiers sarmenteux, Noisette, Desprez, Chromatelle, Lamarque, Solfatare, etc., tailler les jeunes Rosiers de 16 à 30 centimètres, selon la grosseur du rameau, pour obtenir des bourgeons latéraux qui porteront chacun un bouquet terminal ; diminuer la longueur des tailles à mesure que les sujets prennent de l'âge ; arquer les jeunes pousses des variétés rebelles à fleurir, pour les forcer à porter fleur.

Les Rosiers Banks, Persian Yellow ou Jaune de Perse, Aurore de Chine et d'autres, fleurissent sur le bois de l'année précédente; il ne faut donc pas rabattre ce bois et conserver tous les rameaux qui doivent fleurir.

Époque de la taille. — Cette époque varie nécessairement selon le climat. A Paris on peut sans inconvénient tailler avant l'hiver les hybrides Cent-Feuilles et Roses mousseuses; mais en général il est plus prudent d'attendre le mois de mars. On commence par les variétés les plus rustiques, réservant pour les dernières les Bengales, Noisettes et francs de pied. Toutes ces variétés délicates, qui sont couvertes pendant l'hiver, sont taillées au moment où on les découvre.

Soins à donner aux Rosiers dans les jardins. — Les soins d'entretien à donner aux Rosiers, quel qu'ait été leur mode de plantation, sont les mêmes pour l'amateur et pour l'horticulteur. Nous allons indiquer sommairement en quoi ils consistent.

Engrais. — Tous les deux ans, au labour du printemps ou à celui d'automne, il faut largement fumer la terre. Employer le fumier de vache pour les terres légères, siliceuses ou calcaires; mettre la vieille gadoue, les fonds de couche, le fumier de cheval à demi consommé dans les terres fortes et argileuses.

Drageons et gourmands. — A chaque labour visiter soigneusement le pied des Rosiers; couper les drageons au rez de la tige avec la serpette et non avec la bêche, car ce dernier instrument laisse subsister un talon qui repousse plus vigoureusement; examiner aussi les tiges et enlever les bourgeons qui se montrent au-dessous de la greffe, et qui ne tarderaient pas à se développer en gourmands.

Vers blancs. — Faire une chasse très-active aux vers blancs et à toute autre larve, les rechercher lors des labours.

Insectes. — Pendant la première végétation détruire les insectes nuisibles en employant les moyens indiqués au chapitre des *insectes*.

Paillis. — Une couche de paillis de 5 à 6 centimètres d'épaisseur, étendue au pied des Rosiers, favorise singulièrement leur développement.

Le paillis entretient sur le sol une légère humidité ; la terre ne se crevasse pas ; les racines ne sont pas exposées à des coups de soleil ; l'eau des pluies ou des arrosements est retenue à la surface et pénètre doucement dans l'intérieur. Enfin la décomposition des paillis apporte aux plantes un supplément d'engrais au moment où la végétation absorbe le plus les sucs de la terre.

On emploie comme paillis le fumier de cheval à demi consommé ; les gadoues, les fonds de couche, le terreau de feuilles, la paille de litière, en mettant de préférence les matières les plus riches en engrais sur les terres les plus fortes.

Le paillis doit être mis avant les grandes chaleurs et après que le sol a perdu la fraîcheur des pluies du printemps ; c'est ordinairement vers la fin de mai, un peu plus tôt, un peu plus tard, selon le climat et la nature des terres.

Avant d'étendre le paillis il faut donner un bon binage, bien nettoyer les planches ou plates-bandes, et opérer autant que possible après une petite pluie.

Remplacement. — Effeuillage. — L'horticulteur et l'amateur ont un égal intérêt à remplacer le plus promptement possible les Rosiers morts, ce qui les conduit à faire des déplantations anticipées, le Rosier étant encore en séve. Dans ce cas il faut avoir grand soin d'enlever au Rosier déplanté toutes ses feuilles et même ses bourgeons herbacés; sans cette précaution, les rameaux se rideraient, les feuilles continuant à dépenser la séve par l'évaporation, tandis que les racines ne les remplaceraient plus par l'absorption. Si le Rosier déplanté ne peut être mis en place immédiatement, il faut le mettre en jauge et le bassiner une ou deux fois par semaine, pour faire reprendre à l'épiderme ridé toute son élasticité.

Cet effeuillage doit être appliqué non seulement lors de la déplantation d'un Rosier isolé, mais aussi à l'automne, lorsque les horticulteurs, pour satisfaire aux demandes de leurs clients, sont obligés d'arracher dans leurs carrés avant le repos de la séve. L'effeuillage devient alors une opération capitale qui, non seulement sauve la plante et en assure la reprise, mais encore permet de la replanter dans d'excellentes conditions, puisque, mise en terre au commencement de l'automne, elle végète encore un peu et peut être attachée avant la venue des froids.

Emballage des Rosiers. — Lorsque la distance à faire parcourir est petite, on se contente de mouiller les racines et les greffes, et on enveloppe le tout avec une bonne chemise de paille longue, retenue par des liens d'osier.

Si la distance est grande, on double la chemise de paille, et on la recouvre d'une toile d'emballage retenue avec des cordeaux.

Si les Rosiers doivent être embarqués, on commence par tremper leurs racines dans une bouillie très-claire, faite avec parties égales de terre franche et de bouze de vache; puis, après avoir été séchés, ils sont placés dans des caisses et sé parés par des lits de mousse sèche.

S'il s'agit de Rosiers en pots, on dépote, on entoure la motte de mousse maintenue par de la ficelle, et on place les Rosiers par lits garnis de mousse, dans des caisses de bois ou dans des mannes d'osier, selon la distance à parcourir.

Taille d'été ou taille en vert. — A mesure que les Rosiers ont passé fleurs, on coupe les rameaux qui ont porté les fleurs, en ménageant les boutons voisins. Dans les variétés qui n'ont qu'une fleur à l'extrémité de chaque rameau, on coupe ce rameau à deux yeux au-dessous du pédoncule.

On coupe aussi à moitié de leur longueur, pour les forcer à ramifier et à fleurir, les gourmands qui dépassent les autres rameaux.

Cette taille est partielle et successive; elle doit s'exécuter depuis la floraison de la première Rose jusqu'à défloraison complète du Rosier ; alors on pratique une taille générale en rapprochant sur l'œil bien constitué, venant immédiatement au-dessous de la Rose, tous les rameaux qui ont porté fleurs, et en supprimant les petits rameaux ou bourgeons délicats qui n'ont pas donné de fleurs et qui consomment de la séve en pure perte ; les rameaux rapprochés profiteront de toute la séve et donneront une dernière floraison non moins belle et non moins abondante que la première.

Cette taille générale est très-importante pour les variétés à rameaux divergents et qui s'allongent beaucoup, comme les Roses Thé, les Noisettes, les Hybrides, etc.

Tuteurs des Rosiers. — On maintient les Rosiers-tiges avec des tuteurs, qui sont d'autant plus nécessaires que les Rosiers sont plus exposés au vent. Ce n'est pas seulement la rupture des tiges qui est à redouter, ce sont encore les infiltrations qui s'établiraient au pied par suite de l'ébranlement donné aux terres, ébranlement qui déterminerait la formation de crevasses et d'entonnoirs dans lesquels se réuniraient les eaux pluviales.

Les tuteurs peuvent être en fer plein ou creux de 25 millimètres de diamètre, et galvanisés ou recouverts de trois couches de peinture ordinairement verte. On voit se répandre les tuteurs en ardoise, provenant des ardoisières d'Angers; ils sont bons, mais un peu lourds et fragiles.

Les tuteurs les plus généralement employés sont en bois ; on se les procure facilement, et leur durée peut être presque indéfiniment prolongée par leur macération dans le sulfate de cuivre ou par un enduit de goudron ou d'huile de benzine.

Pour préparer des tuteurs au sulfate de cuivre, on fait dissoudre à chaud 2 kilogr. de sulfate (vitriol bleu du commerce) dans cent litres d'eau; on verse la liqueur dans un tonneau défoncé et on y plonge les tuteurs le pied en bas ; après huit jours de bain, on retourne les tuteurs et on les plonge la tête en bas.

Huit jours après, l'opération est terminée.

Le liquide du tonneau est très-sensiblement diminué, et on trouve au fond des cristaux de sulfate de cuivre; on recueille ces cristaux et on remplace le liquide absorbé par une dissolution au même degré que la première.

Le goudron et l'huile de benzine s'appliquent avec un pinceau dur, soit à chaud, soit à froid, selon le degré de fluidité de l'ingrédient.

Le goudron est très-long à sécher, et on se tache toujours plus ou moins en opérant contre les tuteurs goudronnés et exposés à un soleil un peu vif.

L'huile de benzine a une odeur pénétrante qui peut incommoder les personnes délicates.

Les bois blancs s'imprègnent plus facilement que les bois durs.

Les tuteurs en bois préparés par un des procédés ci-dessus indiqués ont de plus l'avantage d'éloigner les insectes des Rosiers. A ce point de vue, il est avantageux de tremper dans le sulfate de cuivre les liens d'osier ou de jonc.

Le placement des tuteurs est une affaire de goût; généralement on les met du côté le moins en évidence. Le Rosier est maintenu contre son tuteur par deux, trois ou quatre liens d'osier, et à chaque ligature on place un petit tampon de mousse entre la tige et le tuteur.

Abris contre le froid. — Il nous reste à parler des moyens employés pour garantir les Rosiers du froid.

L'Églantier ne craint pas la gelée, mais les variétés greffées sont toutes plus ou moins délicates, et les Rosiers, comme toutes les plantes, sont différemment affectés par le froid selon l'état dans lequel ils sont surpris. Ainsi, un arbuste qui pourra supporter sans souffrir 10 ou 12º au-dessous de zéro, à la condition que la température baisse progressivement et lentement, le temps restant sec, ce même arbuste succombera à une température beaucoup moins basse s'il est surpris par le froid avant que la végétation soit au repos complet, ou bien si ses rameaux sont tuméfiés par une pluie, par un dégel, ou couverts de neige fondante. De même un Rosier ne gèlera pas par 12º s'il est planté dans un sol léger, sablonneux, exempt d'humidité, et il gèlera à 10º et même à moins, s'il est dans une terre forte, argileuse, qui retient l'eau.

Ainsi, pour se rendre bien compte des dangers qu'on a à craindre de ce côté, il faudra examiner quelles variétés de Rosiers on a cultivées, quelle est la nature du sol, quelle est son exposition, enfin quelle est la marche habituelle des saisons dans la localité.

Abris pour les Rosiers francs de pied et les Rosiers nains. — Ces Rosiers sont généralement plantés en massifs, en corbeilles ou en bordure. Dans la première quinzaine d'octobre on rechausse chaque pied avec de la terre nouvelle, plutôt légère que forte, jusqu'à la naissance des premières branches; on coupe les gourmands qui dépassent l'ensemble des rameaux, puis on couvre avec des feuilles sèches qu'on fait pénétrer dans les intervalles des pieds, et on en ajoute de manière à former en dessus des Rosiers une sorte de matelas de 35 à 40 centimètres d'épaisseur. On assujettit cette couverture en y déposant des branches d'arbres verts, des genêts, voire même des rames, et au besoin une bonne chemise en paille que l'on dispose en gouttière, pour rejeter les eaux pluviales hors du massif.

Abris pour les Rosiers tiges et les Rosiers demi-tiges. — Lorsque la flexibilité de la tige permet de ramener à terre la tête du Rosier, on enfonce cette tête moitié au-dessus, moitié au-dessous du sol, et on couvre le petit monticule de feuilles sèches assujetties comme il a été dit plus haut. La tige est enveloppée de mousse sèche ou de petit foin maintenu par une chemise de paille ; enfin, le pied est butté et garni de feuilles. Le tout est consolidé par un tuteur qui passe au point le plus élevé de la courbe et contre lequel on ligature la tige.

Quand les tiges ne peuvent être courbées sans crainte de rupture, on commence par égaliser à peu près les branches de la tête, on réunit leurs extrémités par un premier lien, on garnit de mousse sèche le vide qui se trouve entre elles, et on les assujettit par un second et un troisième lien, selon la force de la tête. Cela fait, on garnit la tige avec de la mousse, on butte le pied et on le couvre de feuilles ; enfin, on habille le tout avec de la paille de seigle, en commençant par le bas. Les brins de paille ayant l'épi en haut s'étalent au pied du Rosier et recouvrent les feuilles sèches ; ils se resserrent ensuite contre la tige pour s'ouvrir de nouveau et envelopper l'espèce de cône formé par les branches ; on ligature la paille à la partie supérieure, et on coiffe le tout avec un pot à fleur dont on a bouché le trou. Cette espèce de mannequin est solidement attaché contre un tuteur ou fort piquet planté *ad hoc.*

Il est bien entendu que si une seule longueur de paille ne suffisait pas, on en mettrait deux, en procédant à l'habillage de bas en haut.

On enlève les abris quand les gelées ne sont plus à craindre. Il ne faut jamais se presser pour faire cette opération, parce que grâce à la protection des abris il s'est développé de jeunes tiges très-délicates qui craignent le moindre froid, et aussi les coups de soleil, ce qui oblige à ne découvrir les Rosiers que par un temps sombre.

Toutes les précautions dont nous venons de parler ne suffisent pas toujours pour garantir les écussons à œil dormant posés à l'arrière-saison ; il faut de plus les envelopper avec une feuille de blé de Turquie (la gaîne qui entoure l'épi), avec du papier huilé ou avec une petite plaque de notre cire à greffer, laquelle est malléable et se prête facilement à cette opération.

Culture forcée du Rosier. — Les variétés que l'on préfère pour le forçage sont : les Rosiers du Roi, la Reine, Jules Margottin, Madame Boll, Souvenir de la reine d'Angleterre, Louise Perony, Blanche Laffitte, Bengale cramoisi supérieur, Thés, Madame Falcot, Maréchal Niel, Safrano, Madame Lacharme, Souvenir de la Malmaison, Mistress Bosanquet et Lamarque.

Ces variétés sont greffées en pied, c'est-à-dire à 10 centimètres de terre, et constituent les Rosiers nains, propres à la culture en pot. Pour cela on habille les racines, on supprime les drageons, et on plante dans des pots de 16 centimètres de diamètre dans de la terre franche mélangée, par moitié, à du terreau de vieille gadoue que l'on passe à la claie. Ce rempotage a lieu en novembre, et les Rosiers ainsi empotés sont enterrés dans les planches du jardin en couchant les pots sur les côtés, afin de pouvoir les abriter contre le froid et la neige pendant l'hiver, en les couvrant de litière.

Au mois d'avril, les Rosiers sont plantés en planches à raison de cinq rangs par planche, ensuite on les taille en faisant choix des plus forts rameaux qui sont coupés à 20 centimètres de leur base, et les brindilles sont supprimées, car elles ne produisent que des feuilles et dépensent inutilement la sève des Rosiers, après quoi on garnit la surface des planches d'un bon paillis qui est très-utile pour conserver la fraîcheur aux pieds des Rosiers ; les arrosages seront copieux pendant l'été.

Dans le mois de novembre suivant, on les rentre dans la serre à forcer, en ne taillant que le sommet des rameaux, car on tient plus à la quantité de boutons qu'à la qualité. Les pots sont placés dans la serre soit sur les bâches ou sur une couche de fumier de 20 centimètres d'épaisseur établie sur la surface des bâches, sans enfoncer les pots, et en les espaçant les uns

des autres, afin d'éviter l'étiolage des jeunes pousses ; pour
conserver la fraîcheur de la terre des pots, on étend un bon
paillis par dessus, puis on continue les arrosages pendant
toute la saison du forçage. Un point très-essentiel est d'avoir
dans la serre des tonneaux remplis d'eau tenue à la température de la serre, qui, au moyen du thermosiphon, peut être
portée à 15 ou 18 degrés, selon que l'on veut activer la végétation et obtenir une floraison pour une époque déterminée.
Il faut quarante ou cinquante jours en moyenne pour obtenir
une floraison complète. Si pendant la végétation l'on remarque
des pucerons aux sommets des pousses, il faut s'empresser de
faire des fumigations de tabac, pendant la nuit, pour détruire
ces insectes. Si ces Rosiers sont destinés au commerce, ils
sont vendus sur les marchés au fur et à mesure de l'épanouis-
sement des Roses, et les saisons se succèdent dans la même
serre jusqu'au mois d'avril; enfin les Rosiers non vendus demandent du repos et doivent être plantés en pleine terre au
mois d'avril, après avoir été rempotés à nouveau.

M. Laurent (rue de Lourcine, Paris) est à la tête de l'in-
dustrie des fleurs forcées ; pour lui il n'y a pas d'hiver, et de
novembre à la fin mai, il livre en grande quantité les Roses
et les Lilas, fleurs qui sont les plus recherchées pour les bouquets et les coiffures de bal.

La culture forcée des Roses coupées diffère de la culture
en pots en ce que les Rosiers sont plantés en pleine terre dans
les bâches de la serre ; grâce au perfectionnement apporté
dans l'art du chauffage, on règle la température à sa volonté,
tout en conservant la lumière indispensable à la coloration
des Roses en tenant les châssis découverts, à moins que des
froids excessifs ne surviennent comme ceux de l'hiver 1871-
1872. Les Rosiers soumis à cette culture hivernale ont leur
bois mal aoûté ; aussi, dès le mois de mai, il faut s'empresser
de dépanneauter les serres et les bâches, afin de faire jouir
ces Rosiers des influences bienfaisantes de l'été.

C'est à ce moment que l'on soumet ces Rosiers à une nouvelle taille, qui consiste à retirer tous les faibles rameaux qui font confusion et à raccourcir les rameaux florifères en les taillant à 16 centimètres de longueur ; les autres soins sont les arrosages et la propreté de la terre entretenue par des binages. La récolte des boutons de Roses d'été a peu de valeur ; cependant, en 1872, nous avons vu vendre pour la Sainte-Marie la douzaine de boutons de Malmaison 4 fr.

Chauffage des Rosiers sous châssis. — On peut forcer des Rosiers sans avoir de serre. Voici le procédé employé par les fleuristes de Paris pour obtenir des Roses au premier printemps :

On a des Rosiers empotés depuis un an et tenus en planches dans le jardin. Vers le mois de novembre, on retire de la planche les pots qui doivent être chauffés, et on les place en jauge, la plante inclinée, pour éviter l'humidité, favoriser la maturation du bois et hâter la chute des feuilles. Vers le 15 décembre, un peu plus tôt ou un peu plus tard, selon la température, les pots sont mis en place. Pour cela, on laboure profondément une planche, on pose les coffres, et dans chaque coffre on enterre huit pots, réservant un espace de 25 centimètres le long des planches, et on recouvre avec les châssis. Les coffres à Rosiers doivent avoir 65 centimètres de hauteur sur le devant et 80 centimètres sur le derrière.

Les Rosiers, modérément arrosés, restent dans cet état jusqu'à ce que les yeux se gonflent. On taille alors un peu long sur les yeux les mieux constitués, et on supprime tous les faux rameaux. La taille faite, on entoure les coffres avec un réchaud de fumier large de 60 centimètres à la base et de 40 centimètres au sommet, et dépassant les châssis de 16 centimètres.

Au bout de dix jours, la fermentation du fumier est bien établie ; il faut alors aérer les coffres, pour permettre le déga-

gement des gaz ammoniacaux, mortels pour les Rosiers, et celui de la buée, qui amènerait l'étiolement des plantes, si l'air
ne venait ressuyer les feuilles et les boutons. Les châssis seront donc soulevés tous les jours, si le temps le permet, et
recouverts de paillassons tous les soirs. Il est entendu que les
paillassons ne sont retirés que lorsque le soleil brille.

Il faut surveiller la végétation, faire la guerre aux insectes,
et combattre le puceron par les fumigations de tabac faites le
soir.

Les réchauds sont remaniés tous les quinze jours.

Le Rosier fleurit ordinairement au bout de quarante jours,
date de l'installation du réchaud. On peut, d'après cette donnée, échelonner la culture de manière à avoir une floraison
continue depuis les premiers jours de février jusqu'en mai,
époque de l'apparition des premières Roses.

Culture en pots pour le marché. — On cultive aussi pour
le marché de Paris beaucoup de Rosiers nains en pots. Ces
Rosiers viennent de la Brie, comme ceux qui sont destinés à
la culture forcée. Ils arrivent à Paris vers le mois de novembre et sont immédiatement mis en jauge dans une planche du
jardin.

On empote en plein air par les belles journées d'automne,
ou sous la remise en hiver ; on emploie des pots de 16 centimètres dits *pots royaux*. Le compost est formé d'un tiers de
terre franche, un tiers de terreau de gadoue, un tiers de terre
de jardin. Le pot, bien drainé, est rempli au tiers. On place
le Rosier au milieu ; en le maintenant de la main gauche, on
achève de remplir avec la main droite en faisant glisser la
terre entre les racines et tassant convenablement. Il faut,
pour que l'empotage soit bon, qu'on puisse enlever le Rosier
par la tige sans que la motte se détache du pot. Les Rosiers
empotés sont placés en jauge, les pots couchés sur le flanc,
et ils passent ainsi l'hiver ; en février ou mars on les plante

en planches de quatre rangs, et espacés de 40 centimètres en tous sens. C'est de là qu'ils sortiront pour aller au marché d'abord, et ensuite dans les appartements.

Comme il se fait un débit énorme à certaines fêtes, telles que la Saint-Jean et la Notre-Dame d'août, il est très-important pour l'horticulteur d'être approvisionné de plantes en pleine floraison à ces époques fixes. Pour cela, on réserve quelques planches où on ne taille pas les Rosiers; toute la séve se développe en bois et donne très-peu de fleurs placées à l'extrémité des rameaux. Environ quarante jours avant l'époque déterminée, on taille sévèrement, on coupe les deux tiers des rameaux vigoureux, et on supprime les rameaux faibles. La séve se porte dans les yeux de la base, qui étaient restés latents, et les fait se développer; on surveille la végétation, de manière à ce qu'elle marche lentement jusqu'à la formation des boutons, qui doit avoir lieu du vingtième au vingt-cinquième jour; on pousse alors la végétation en donnant de copieux arrosements (un arrosoir pour quatre pieds). Si la végétation allait trop vite, on la ralentirait en diminuant l'arrosement, en ombrant les plantes, ou mieux en les rentrant en serre froide. L'horticulteur peut donc arriver à un jour donné sur le marché, avec un bel approvisionnement qui lui rapportera de 1 fr. 50 à 2 fr. par pied.

Nous avons dit que ce sont surtout les Roses du Roi et Aimée Vibert qu'on cultive en pots. On cultive aussi des Bengales dans des pots de 12 à 14 centimètres, et qui se vendent 40 à 50 centimes le pied, et des petites Pompons Lawrence, en godets de 6 à 9 centimètres. Ces charmantes miniatures conviennent parfaitement pour les étagères et les jardinières des petits appartements.

Rosier Pompon de Bourgogne. — Ce Rosier, qui appartient à la section des Cent-Feuilles, a donné une dizaine de variétés, dont les plus cultivées sont le Pompon Rose-de-

Mai ou de Bourgogne, et le Pompon du Roi à fleur pourpre, le plus nain de tous.

Le Pompon de Bourgogne, véritable miniature de la Rose Cent-Feuilles, a été trouvé en 1735 sur une montagne, dans les environs de Dijon, où il croissait spontanément; de là son nom de baptême. Dans quelques localités on l'appelle Pompon de mai, à cause de l'époque où il se montre dans tout l'éclat de sa parure.

Les boutons de ce joli Rosier se prêtent parfaitement à la confection des coiffures et bouquets de bal. Leur culture donne lieu à un commerce considérable. Ils remplacent chez les fleuristes les fleurs d'hiver qui commencent à se passer, et, unis à la Violette, ils forment des parures fraîches, suaves, élégantes.

Le Rosier Pompon est employé dans les jardins en bordures, en plates-bandes et en massifs; sa culture est des plus faciles. Toute terre lui convient; cependant il est plus florifère et plus précoce dans les terres légères.

On multiplie les deux variétés de Rosier Pompon par les drageons qu'ils émettent.

Chaque année on butte le pied pour faire enraciner les branches émises, et on sépare à l'automne ces marcottes naturelles.

Le Rosier Pompon, greffé sur Églantier, ne réussit pas; greffé sur le Cent-Feuilles, en fente ou en écusson, il prospère, donne un Rosier à belle tête et vit longtemps, sans redouter les froids rigoureux. Sous cette nouvelle forme il doit être taillé à 16 centimètres, ne garder qu'un seul rameau sur la taille de l'année précédente et être soigneusement débarrassé des rameaux faibles qui font confusion et nuisent au bel aspect de la tête.

De l'emploi des Rosiers nains dans la composition des bordures. — Le Rosier nain peut être employé avantageuse-

ment dans la formation des bordures, le long des plates-
bandes, autour des corbeilles ou sur le bord des massifs.

Ces bordures, aussi remarquables par l'abondance des
fleurs qui les couvrent pendant toute la saison que par la
variété de coloris qu'on obtient en groupant les diverses
espèces, ont de plus la qualité bien grande d'être d'un entretien facile. Il suffit, en effet, de tailler les plantes à la cisaille
après chaque floraison. Cette taille a pour effet de faire taller
les touffes, en les obligeant à émettre à leur base de nouvelles
ramifications qui couvrent entièrement le sol.

Pour former une bordure, on plante sur plusieurs lignes
parallèles ou concentriques, selon le cas. Les Rosiers sont à
10 centimètres l'un de l'autre sur chaque ligne, et les lignes
espacées de 20 centimètres.

On ne doit pas mettre moins de trois rangs ou lignes; on
peut en mettre davantage, selon l'effet qu'on veut obtenir.

En graduant la hauteur des Rosiers du premier rang au
dernier, soit que la hauteur des plantes aille toujours en augmentant, soit qu'après avoir été en augmentant jusqu'au rang
du milieu elle redescende jusqu'au dernier rang, on obtien-
dra une bordure à un seul versant ou à deux versants. La
première forme convient pour le bord des massifs, la seconde
pour les plates-bandes ou les corbeilles.

Nous donnons le nom des variétés qui nous semblent les
plus convenables pour bordures, en les plaçant par rang de
taille, la plus petite la première :

1º Gloire de Lawrence, fleur très-petite, cramoisi pourpre;
2º Pompon blanc ; 3º Pompon bijou, rose clair; 4º Pumila,
variété de Noisettes, fleur blanche ; 5º Double-multiflore,
fleur bombée, rose; 6º la Désirée, rose vif; 7º de Chartres,
demi-pleine, rose tendre.

Composition des corbeilles de Rosiers. — Chacun forme
sa corbeille à son goût : l'un veut une seule variété, l'autre

préfère l'opposition des couleurs; mais la règle que tous doivent suivre et que presque tous ignorent, c'est le rapport entre le mode de végétation des espèces. Une corbeille serait manquée si les plantes à végétation vigoureuse étaient sur les bords, masquant par leur feuillage les Roses placées en arrière.

Nous guiderons les amateurs en leur indiquant la composition de corbeilles variées quant aux couleurs. Nous supposons les corbeilles de cinq rangs :

1º Corbeille unicolore, rose carné : les deux rangs extérieurs, Rosiers Reine des îles Bourbon ; le centre, Souvenir de la Malmaison.

2º Corbeille unicolore, rose tendre : au centre Hermosa, à l'extérieur Modèle de perfection.

3º Corbeille variée : au centre deux rangs de Paul-Joseph, couleur pourpre ; deux rangs de Mistress Bosanquet, blanc; à l'extérieur un rang de Mme Angelina, jaune.

4º Corbeille pourpre pur : au centre Paul-Joseph, Souchet au milieu, Victor-Emmanuel sur les bords.

Corbeilles de Rosiers hybrides :

1º A effet éclatant : 1º unicolore pourpre, grand effet, général Jacqueminot; 2º varié, Empereur Napoléon III, Triomphe de l'Exposition, Comte Cavour, François Arago, Génie de Châteaubriand, Lion des Combats, Louis XIV, Maréchal Vaillant, Solférino.

2º Rose tendre ou rose foncé : Louise Péronny, Comtesse Cécile de Chabrillant, Auguste Mie, Baronne Prévost, Souvenir de la Reine d'Angleterre, La Reine, Mathurin Regnier, Joseph Decaisne, Impératrice des Français, Duchesse de Sutherland, Mme Domage, de Bourg-la-Reine, Colonel de Rougemont, Jacques Laffitte, Louise de Vitry, M. Duchez, M. Furtado, Inermis.

3º Rose carné tendre, grandes fleurs : Caroline de Sansal, Mme Vidot, Félicité Rigaud, Louise Aimée, Palais de Cristal,

Mère de saint Louis, Princesse Clotilde, Rosine Margotin, Mᵐᵉ Récamier, Belle Lyonnaise, Queen Victoria, Julie de Krudner.

4º Rose et blanc : les deux premiers rangs Virginale, Blanche de Beaulieu ou Mère de saint Louis ; le milieu, Louise Péronny, Duchesse de Sutherland ou Baronne Prévost.

CHAPITRE V.

NOMENCLATURE DES VARIÉTÉS MODERNES DE ROSIERS.

Rosiers thés ou indiens.

Abricoté, fleur grande, pleine, carné abricoté.
Adam, fleur grande, rose clair.
Alba, fleur moyenne, en coupe, blanc pur.
Ajax, fleur moyenne, pleine, globuleuse, jaunâtre.
Alexina, fleur moyenne, blanche.
Amabilis, fleur grande, pleine, rose virginal.
Anthérose, fleur moyenne, centre rose.
Archiduchesse Thérèse, fleur grande, pleine, jaunâtre.
Auguste Auger, fleur moyenne, rose clair, centre cuivré.
Auguste Vacher, fleur grande, aurore jaunâtre.
Barbot, fleur grande, fond jaunâtre, bords lavés rose.
Baronne de Lage, fleur moyenne, cramoisi vif.
Belle de Bordeaux, fleur grande, pleine, rose argenté.
— *Desmoulins,* fleur moyenne, pleine, blanc et rose.
— *Chartronaise,* fleur grande, pleine, rose vif.

Belle Marguerite, fleur moyenne, rouge lilacé.

Bougère, fleur grande, rose clair.

Bourbon, fleur moyenne, blanc verdâtre.

Boule-d'Or, fleur grande, pleine, beau jaune clair.

Bertrand, fleur moyenne, rose pâle.

Buret, fleur moyenne, rose vif.

Belle-Cuivrée, fleur grande, demi-pleine, cuivré vif.

Bouton-d'Or, fleur moyenne, pleine, jaune foncé et blanc.

Canari, fleur moyenne, presque pleine, jaune serin.

Caroline, fleur moyenne, rose tendre.

Cerise, fleur moyenne, pleine, cerise pourpre.

Clara Sylvain, fleur moyenne, blanc pur.

Charles Rimbault, fleur grande, pleine, rose tendre.

Comte de Paris, fleur grande, rose tendre.

Comtesse de Brossard, fleur moyenne, jaune serin.

    —   *de Labarthe,* fleur moyenne, rose tendre.

    —   *Ourwaroff,* fleur grande, pleine, rose clair, teinté, rose vif.

Climbing Devoniensis, fleur grande, blanc jaunâtre.

Clotilde, fleur très-grande, blanc et hortensia.

David Pradel, fleur grande, pleine, pourpre, centre cerise.

Devoniensis, fleur grande, blanc jaunâtre.

Duc de Magenta, fleur grande, pleine, rose saumoné.

    — *d'Orléans,* rose nuancé.

Duchesse d'Orléans, fleur moyenne, carné nuancé paille.

Eugénie Desgaches, fleur grande, pleine, rose vif.

Élisa Bancolle, fleur grande, pleine, jaune clair.

    — *Sauvage,* fleur grande, beau jaune.

Enfant de Lyon, fleur moyenne, pleine, jaune nuancé, bord blanc.

Ernest Herger, fleur moyenne, cerise et cramoisi.

Esther Pradel, fleur moyenne, pleine, chamois saumoné.

Fleur de Cypris, fleur moyenne, rose pâle.

Fafet ou *Triomphe d'Orléans,* fleur grande, pleine, blanche.

Général Tartas, fleur moyenne, pleine, rose vif.

Gigantesque, fleur grande, carné nuancé au centre.

Gloire de Bordeaux, fleur grande, pleine, rouge vif cramoisi.

    — *de Dijon,* fleur grande, pleine, jaune nuancé de carmin.

Goubaud, fleur moyenne, jaune, onglets aurore, limbe rose.

Général Valazé, fleur grande, pleine, globuleuse, carnée, centre rose.

Hyménée, fleur moyenne, blanc nuancé jaune.

Homère, fleur moyenne, pleine, rose vif, centre blanc.

Jaune-Ancien, fleur moyenne, jaune clair.

Jaune-d'Or, fleur moyenne, pleine, jaune d'or.

Jean Pernet, fleur très-grande, pleine, jaune vif, passant au jaune clair.

Julie Mansay, fleur grande, blanc pur.

Laure Fontaine, fleur pleine, blanc crème, centre plus vif.

Lucrèce, fleur grande, très-pleine, rose saumoné, passant au rose foncé.

La Tulipe, fleur grande, bien faite, blanc taché de rose.

Lady Warander, fleur moyenne, blanc pur.

Laurette, fleur moyenne, carné saumoné.

Léontine de Laporte, fleur pleine, blanc jaunâtre.

Leweson Gower, fleur grande, rose vif.

L'Enfant trouvé, synonyme *Élisa Sauvage*.

Le Pactole, fleur moyenne, pleine, jaune ou jaune clair.

Louise Clément, fleur moyenne, pleine, blanc jaunâtre.

— *de Savoie*, fleur grande, pleine, jaunâtre.

Laïs, fleur moyenne, pleine, bien faite, jaune soufre.

La Boule-d'Or, fleur grande, très-pleine, d'un beau jaune.

La Sylphide, fleur grande, pleine, carné jaunâtre.

Madame Anaïs Cabrol, fleur très-grande, pleine, rose saumoné.

— *Barillet-Deschamps*, fleur moyenne, blanc jaunâtre.

— *Bravy*, fleur moyenne, blanc légèrement rosé.

— *Charles*, fleur grande, pleine, bien faite, jaune soufre, saumoné au centre.

— *Damaisin*, fleur grande, pleine, carné saumoné.

— *Christine Meister*, fleur grande, pleine, jaune tendre.

— *Blachet*, fleur grande, pleine, rose et cramoisi.

— *Decamps*, fleur grande, pleine, cerise maculé blanc.

— *Daru*, fleur moyenne, pleine, rose vif nuancé de chrôme.

— *de Sertot*, fleur grande, pleine, blanc rosé.

— *Tartas*, fleur grande, pleine, rose clair, extérieur des pétales plus foncé.

— *de Reyniès*, fleur grande, pleine, globuleuse, blanc légèrement rosé.

Madame de Vatry, fleur grande, pleine, blanc jaunâtre.

—   *Edmond Cavaignac,* fleur moyenne, rose glacé.

—   *Falcot,* fleur moyenne, pleine, beau jaune soufre, *extra.*

—   *Granla,* fleur grande, pleine, rouge aurore.

—   *Jacqueminot,* fleur très-grande, pleine, légèrement jau-
      nâtre.

—   *Joseph Halphen,* fleur grande, pleine, rose tendre et
      aurore.

—   *Lartay,* fleur grande, jaune saumoné.

—   *Mélanie Willermoz,* fleur grande, pleine, blanc saumon
      au centre.

—   *Maurin,* fleur moyenne, globuleuse, saumonée au centre.

—   *Sertot,* fleur grande, pleine, légèrement rosée.

—   *William,* fleur moyenne, pleine, jaunâtre.

—   *Retornaz,* fleur grande, pleine, centre cuivré.

—   *Brémond,* fleur moyenne, pleine, rouge pourpre clair ou
      pourpre très-foncé.

—   *Margottin,* fleur moyenne, très-pleine, globuleuse, d'une
      belle tenue, beau jaune foncé, centre rose, bord des pé-
      tales blanc.

Monsieur Furtado, fleur moyenne, très-pleine, bien faite, beau
jaune soufre clair.

Madame Célina Noirey, fleur grande, pleine, rose tendre nuancé,
revers des pétales rouge pourpré.

Mademoiselle Rachel, fleur grande, pleine, blanc verdâtre.

—   *Adèle Jougant,* fleur moyenne, presque pleine, jaune
      clair.

—   *Amanda,* fleur grande, pleine, rouge cerise nuancé.

—   *Adrienne Christophle,* fleur moyenne, pleine, jaune
      cuivré abricoté, nuancé rose pêche, parfois rose
      foncé.

—   *Marie Sisley,* fleur moyenne, pleine, globuleuse,
      blanc jaunâtre, bordé de rose vif.

—   *Marie Ducher,* fleur grande, pleine, bien faite, rose
      clair.

Monplaisir, fleur très-grande, pleine, jaune nankin saumoné.

Maréchal Niel, fleur grande, très-pleine, beau jaune vif.

—   *Bugeaud,* fleur grande, pleine, rose nuancé.

Marquise de Foucault, fleur grande, pleine, jaune clair.

Moiret, fleur grande, pleine, carné jaunâtre.

Marie de Beaux, fleur moyenne, blanc, centre cuivré.

Mélanie Oger, fleur grande, pleine, blanc jaunâtre, centre plus foncé.

Melville, fleur moyenne, rose carné.

Mirabilis, fleur moyenne, rose nuancé jaune.

Narcisse, fleur moyenne, jaune nuancé bordé blanc.

Nina, fleur grande, blanc carné.

Niphétos, fleur très-grande, blanc pur.

Olympe Frécinay, fleur moyenne, pleine, jaune soufre.

Ophélia, fleur grande, pleine, beau jaune vif.

Pactole, fleur moyenne, blanc, cœur jaune, superbe forme.

Pauline Labonté, fleur grande, pleine, rose nuancé saumon.

—   *Plantier*, fleur moyenne, globuleuse, jaune soufre.

Pellonia, fleur moyenne, blanc jaunâtre.

Pharaon, fleur grande, rose clair.

Princesse Adélaïde, fleur grande, jaune soufre.

—   *Hélène*, fleur grande, blanc pur.

—   *Marie*, fleur grande, blanc jaunâtre.

—   *d'Esterhazy*, fleur grande, rose tendre.

Reine Victoria, fleur grande, jaune soufre.

—   *des Belges*, fleur grande, très-pleine, blanc.

—   *des Pays-Bas*, fleur moyenne, légèrement jaunâtre.

—   *de Portugal*, fleur grande, très-pleine, bien faite, jaune d'or très-foncé, quelquefois d'un beau jaune cuivré nuancé rose.

Régulus, fleur grande, presque pleine, rose cuivré.

Rubens, fleur moyenne, pleine, blanc rosé, centre aurore.

Safrano, fleur moyenne ou grande, jaune clair.

Smithii, fleur grande, jaune soufre.

Socrate, fleur grande, pleine, rose foncé, centre abricoté.

Sombreuil, fleur grande, légèrement carnée.

Souvenir d'Élisa, fleur moyenne, pleine, blanc carné jaunâtre.

—   *de Jenny Pernet*, fleur moyenne, pleine, blanc rosé.

—   *d'un ami*, fleur grande, pleine, globuleuse, beau rose.

Sylphide, fleur grande, pleine, carné jaunâtre.

Safrano à fleurs rouges, fleur moyenne, presque pleine, globuleuse, beau rouge vif nuancé de jaune cuivré.

Souvenir de l'Empereur Maximilien, fleur grande, pleine, beau rouge carmin, très-souvent d'un marbre blanc.

Taglioni, fleur grande, pleine, centre jaunâtre.

Triomphe de Guillot fils, fleur grande, pleine, blanc ombré, jaune saumoné, *extra.*

Triomphe du Luxembourg, fleur grande, rose cuivré.

— de *Rennes,* fleur moyenne, pleine, jaune canari.

Turgot, fleur moyenne, rouge clair.

Vicomte d'Imbert de Corneillan, fleur grande, pleine, blanc pur.

Vicomtesse Decazes, fleur grande, jaune cuivré.

Zélia Pradel, fleur grande, imbriquée, blanc rosé.

Rosiers Bengales.

Abbé Delacroix, fleur moyenne, pleine, rose.

— *Mioland,* fleur pourpre, souvent rayée de blanc, à cinq couleurs (de Chine), fleur moyenne, pleine, blanc jaunâtre, quelquefois ligné rose vif.

Archiduc Charles, fleur grande, pleine, rose passant au carmin.

Beau Carmin du Luxembourg, fleur moyenne, pleine, pourpre.

Belle de Monza, pourpre violacé.

— *Laure,* fleur rose lilacé.

Camélia blanc (Olry), fleur blanc pur.

Cels multiflore, fleur carnée, très-florifère.

Confucius, fleur moyenne ou grande, pleine, rose clair.

Couronne des Pourpres, fleur moyenne, pourpre.

Cramoisi supérieur, fleur moyenne, pleine, cramoisi vif.

Douglas, fleur moyenne, pleine, blanc rosé.

Duchesse de Kent, fleur moyenne, pleine, blanc rosé.

Élise Flory, fleur moyenne, pleine, rose jaunâtre.

Eugène Hardy, fleur moyenne, pleine, blanc légèrement carné.

Fabvier, fleur moyenne, rouge vif.

Fanny Duval, fleur blanc carné.

Général La Wœstine, fleur moyenne, pleine, rouge foncé vif.

Henri V, fleur moyenne, pleine, cramoisi.

Infidèle, fleur moyenne, double, rose clair.

Joseph Deschiens, fleur moyenne, pleine, pourpre violacé.

Louis-Philippe d'Angers, fleur moyenne, pleine, cramoisi.

Lucullus, fleur moyenne, pleine, pourpre noirâtre.

Madame Bréon, fleur grande, pleine, rose.

Madame Desprez, fleur blanc pur.

— *Friès-Morel,* fleur rose tendre.

Marjolin (Desprez), fleur grande, pleine, rouge vif.

— (Luxembourg), fleur rouge foncé.

Menès, fleur moyenne, pleine, rose tendre.

Pourpre d'Yèbles, fleur pourpre foncé.

Prince Charles, fleur moyenne, pleine, rouge vif.

— *Eugène,* fleur moyenne, pleine, pourpre foncé.

Pépin, fleur moyenne, pleine, rouge vif.

Petite Nini, fleur moyenne, globuleuse, rose vineux.

Reine Blanche, fleur moyenne, demi-double, blanc pur.

— *des Belges,* fleur blanc pur.

Rubens, fleur pleine, rouge clair passant au pourpre.

Triomphant, fleur rouge violacé.

— *de Gand,* fleur grande, pleine, rouge.

Saint-Prix-de-Breuze, fleur rouge.

Sanguin, fleur moyenne, pleine, rouge.

Virginale, fleur moyenne, blanc carné.

Viridiflora, fleur moyenne, pleine, verte.

Rosiers Noisettes.

Aimée Vibert, fleur grande, pleine, blanc pur.

América, fleur grande, pleine, beau jaune soufre.

Belle Marseillaise, fleur moyenne, pleine, rouge clair.

Beauty of Green Mount, fleur moyenne, pleine, cerise nuancé rose.

Bougainville, fleur moyenne, pleine, blanc légèrement carné.

Céline Forestier, fleur moyenne, pleine, jaune brillant.

Caroline Marniesse, fleur moyenne, pleine, blanc légèrement carné, fleurissant beaucoup.

Charles X, fleur moyenne, pleine, pourpre vineux.

Cinderella, fleur moyenne, pleine, blanc jaunâtre.

Clara Wendel, fleur moyenne, jaune aurore passant au blanc.

Claudia Augustin, fleur moyenne, pleine, blanc à centre jaune.

Chromatella, fleur grande, pleine, jaune foncé.

Cornélie, fleur moyenne, pleine, rose vif.

Desprez, fleur grande, pleine, jaune cuivré.

Doctèur Petit, fleur carnée, très-florifère.

Du Luxembourg, fleur grande, pleine, rose vif.

Eudoxie, fleur moyenne, pleine, globuleuse.

Euphrosine, fleur moyenne, pleine, rose jaunâtre.

Fellemberg, fleur moyenne, rouge vif.

Isabelle Gray, fleur grande, jaune vif.

Jean Hardy, fleur grande, beau jaune crème.

Jacques Amyot, fleur moyenne, pleine, rose lilacé.

La Victorieuse, fleur moyenne, blanc carné.

La Biche, fleur grande, presque pleine, blanc carné.

Lactens, fleur moyenne, blanc pur.

Lamarque, fleur grande, pleine, blanc jaunâtre.

Liesis, grande fleur, pleine, blanche, légèrement nuancée de rose.

L'Arioste, fleur moyenne, rose carmin,

Madame Deslongchamps, fleur moyenne, pleine, blanc jaunâtre,

— *Massot,* fleur moyenne, blanc carné.

— *Hermann,* fleur moyenne, rose saumoné.

— *Schultz,* fleur moyenne, pleine, jaune carné.

Miss Glegg, fleur moyenne, presque pleine, blanc lavé de rose.

Marie Chargé, fleur jaune nuancé de carmin.

Mistress Idon, fleur grande, pleine, jaune passant au jaune clair.

Ornement des bosquets, fleur moyenne, double, rose clair.

Ophirie, fleur moyenne, pleine, aurore cuivré.

Orange incarnate, fleur moyenne, double, jaune.

Phaloë, fleur moyenne, pleine, nuancée de rose.

Polonie Bourdin, fleur moyenne, pleine, saumonée aurore au centre.

Pumila, fleur moyenne, blanc pur.

Solfatare, fleur grande, pleine, jaune soufre bien prononcé.

Triomphe de Rennes, fleur moyenne, pleine, jaune canari.

Vicomtesse d'Avesne, fleur moyenne, pleine, bien faite, rose.

Vitellina, fleur moyenne, pleine, blanc, centre jaunâtre.

Rosiers Ile-Bourbon.

Acidalie, fleur moyenne, grande, blanc légèrement carné.
Adélaïde Bougère, fleur moyenne, pleine, pourpre noir.
Adrienne de Cardoville, fleur moyenne, pleine, beau rose tendre.
Aline Pierron, fleur moyenne, pleine, blanche, légèrement rosée.
Apolline, fleur grande, rose tendre.
Augustine Lelieur, fleur rose foncé.
Baron Gonella, fleur moyenne, pleine, rose vif.
Baronne Daumesnil, fleur grande, pleine, beau rose tendre.
— *de Noirmont*, fleur moyenne, pleine, beau rose vif.
Bouquet de Flore, fleur moyenne, rouge vif, pleine.
Camille de Châteaubourg, fleur moyenne, reboutée de noir.
Caroline d'Érard, fleur moyenne, pleine, carnée.
— *Riguet*, fleur moyenne, pleine, blanc légèrement carné.
Catherine Guillot, fleur moyenne, pleine, gl., rose pourpré.
Candide, fleur moyenne, pleine, carné nuancé de lilas.
Céline Gonod, fleur moyenne, pleine, rose satiné.
Cesarine Souchet, fleur moyenne, pleine, rose clair carminé.
Charlemagne, fleur lilas clair.
Charles Robin, fleur moyenne, pleine, blanc carné vif.
Clotilde Perrault, fleur moyenne, pleine, beau rose clair.
Comice de Tarn-et-Garonne, fleur moyenne, pleine, carminée.
Comte de Montijo, fleur moyenne, pleine, rouge vif.
— *de Charny*, fleur moyenne, rouge vif, forme de coupe.
Comtesse de Barbantane, fleur moyenne, pleine, blanc carné.
Deuil du duc d'Orléans, fleur pourpre foncé.
Docteur Brière, fleur grande, pleine, rose nuancé.
— *Berthet*, fleur grande, pleine, rouge vif.
— *Leprestre*, fleur grande, pleine, pourpre noirâtre.
— *Roques*, fleur moyenne, rouge violacé.
Duchesse de Thuringe, fleur pleine, moyenne, légèrement lilacée.
Édith de Murat, fleur moyenne, pleine, blanche, légèrement rosée.
Édouard Desfossés, fleur moyenne, pleine, rose clair.
Élisa de Chénier, fleur moyenne, pleine, rose vif.

Émile Courtier, fleur moyenne, pleine, rouge clair.

Émotion, fleur moyenne, pleine, bien faite, beau rose virginal.

Étoile du Nord, fleur moyenne, pleine, rouge vif.

Ferdinand Depp, fleur moyenne, rouge vif.

François Hérincq, fleur moyenne, cerise vif.

Général Blanchard, fleur moyenne, pleine, rose rouge transparent.

Gloire de Bordeaux, fleur grande, pleine, rose tendre argenté.

Georges Cuvier, fleur moyenne, pleine, cerise nuancé.

Gloire d'Alger, fleur moyenne, cramoisi vif.

— *d'Étampes,* fleur moyenne, pleine, rouge écarlate.

— *de Paris,* fleur rouge vif, reflet cramoisi.

— *des Rosomanes,* fleur grande, pleine, rouge vif.

Gloriella, fleur moyenne, pleine, bien faite, rouge vif.

Guillaume-le-Conquérant, fleur rose clair.

Henri Clay, fleur grande, pleine, rose foncé vif.

— *Lecocq,* fleur grande, pleine, rouge clair.

— *Plantier,* fleur grande, pleine, rose vif.

Hermosa, fleur moyenne, pleine, rose tendre.

Héroïne de Vaucluse, fleur moyenne, pleine, rose vif lavé de carmin.

Impératrice Élisabeth, fleur moyenne, pleine, rose.

— *Eugénie,* fleur grande, pleine, bien faite, beau rose vif.

Joséphine Clermont, fleur moyenne, pleine, rose carné, centre plus foncé.

Joseph Gourdon, fleur moyenne, pleine, rouge écarlate.

Jules César, fleur moyenne, pleine, beau rouge cerise foncé.

Julie de Fontenelle, fleur moyenne, pleine, rouge violacé.

— *de Loyne,* fleur moyenne, pleine, blanche.

Jupiter, fleur moyenne, pleine, violette.

Jury, fleur moyenne, pleine, rouge très-vif.

Justine, fleur moyenne, rose carminé, bien faite.

Lartay, fleur moyenne, pleine, rouge foncé vif.

Lady Stanley, fleur moyenne, pleine, rose nuancé.

La Pudeur, pleine, blanc légèrement carné.

L'Aurore du guide, fleur moyenne, pleine, rouge vif.

La Quintinye, fleur moyenne, pourpre noirâtre.

Le Florifère, fleur moyenne, pleine, rose nuancé de carmin.

Léon Oursel, fleur moyenne, pleine, rouge clair.

Louise Margottin, fleur moyenne, pleine, rose très-tendre.

— *Odier,* fleur moyenne, pleine, rose vif, belle forme.

Langiewicz, fleur moyenne, pleine, pourpre noir velouté très-foncé.

La Reine de l'Ile-de-Bourbon, fleur moyenne, pleine, carné très-frais.

Rémond, fleur moyenne, pleine, rouge vif nuancé.

Réveil, fleur moyenne, pleine, rouge vif nuancé violet foncé.

Révérend H. Dombrain, fleur moyenne, pleine, carmin brillant.

Scipion Cochet, fleur moyenne, presque pleine, rouge éblouissant.

Souchet, fleur grande, pleine, pourpre carminé.

Souvenir de Louis Gaudin, fleur pleine, rouge pourpre ombré noir.

— *de la Malmaison,* fleur très-grande, très-pleine, blanc carné.

— *d'un frère,* fleur moyenne, pleine, cerise foncé vif.

— *de Dumont-Durville,* fleur moyenne, pleine, cerise vif.

— *de l'Exposition de Londres,* rouge foncé.

Theresita, fleur moyenne, pleine, rose très-frais.

De Tourville, fleur moyenne, pourpre foncé.

Triomphe de la Duchère, fleur moyenne, pleine, rose tendre

— *de Plantier,* fleur moyenne, pleine, rouge clair.

Vicomte de Cussy, fleur grande, pleine, cerise vif.

Victoire de Magenta, fleur moyenne, pleine, rouge vif éclatant.

Victor-Emmanuel, fleur moyenne, pleine, rouge pourpre.

Vicomtesse de Montesquiou, fleur moyenne, presque pleine, blanc carné.

Vorace, fleur moyenne, pleine, rouge cramoisi.

Rosiers hybrides remontants.

Abbé Berlèze, fleur moyenne, pleine, variable du rouge cerise au rose carminé.

Abbé Feytel, fleur très-grande, pleine, violet foncé ardoisé.

— *Reynauld,* fleur grande, pleine, violet foncé ardoisé.

— *Venière,* fleur moyenne, bien faite, rose vif.

Abd-el-Kader, fleur moyenne, pleine, foncé, nuancé feu vif au centre.

Abel Grand, fleur grande, pleine, beau rose argenté satiné très-frais.

Abraham Lincoln, fleur grande, pleine, pourpre noirâtre.

Achille de Saint-Ange, rouge carné.

— *Gonod,* fleur grande, pleine, rouge vif carné.

Adam Paul, fleur grande, rose tendre, très-odorante.

Adèle Launay, fleur grande, pleine, beau rose très-tendre.

Adélaïde Fontaine, fleur grande, pleine, rose hortensia.

Adolphe Bossange, fleur moyenne, pleine, rouge vif nuancé.

— *Noblet,* fleur moyenne, pleine, bien faite, rouge clair brillant.

Adrien Max, fleur pleine, grande, bien faite, rouge cerise vif.

Agathoïde, fleur grande, pleine, rose tendre teinté de rose hortensia.

Angelina Granger, fleur moyenne, pleine, beau rose.

Aglaé Adanson, fleur rose vif satiné.

Alba mutabilis, fleur grande, pleine, blanc teinté de rose.

Alba carnea, fleur moyenne, pleine, blanc légèrement rosé.

Alcide Vigneron, fleur grande, pleine, beau rose hortensia.

Alexandre Breton, fleur moyenne, pleine, rouge nuancé de cramoisi.

— *Dumas,* fleur moyenne, pleine, rouge noirâtre, strié de ponceau.

— *Fontaine,* fleur grande, rouge nuancé ombré de blanc.

Alphonse Damaisin, fleur grande, pleine, rouge écarlate vif.

— *Karr* (Cherpin), fleur grande, globuleuse, pleine, beau rose vif.

— *de Lamartine,* fleur moyenne, rose tendre.

Alexandrine Bachemeteff, fleur grande, pleine, beau rouge vif.

— *de Belfroy,* fleur grande, pleine, rose vif.

Alfred Colomb, fleur grande, très-pleine, rouge feu très-vif.

— *de Rougemont,* fleur grande, pleine, pourpre cramoisi, nuancé de feu vif.

Alice Lavenant, fleur moyenne, pleine, rose vif.

Alice Dureau, fleur grande.

Apaïde de Rotailler, fleur grande, pleine, rose clair satiné.

Alphonse Belin, fleur grande, pleine, globuleuse, rouge clair brillant.

Altesse impériale, fleur moyenne, pleine, cramoisi vif.

Ambroise Verschaffelt, fleur grande, pleine, variant du rouge vif au violet foncé.

Amélie Halphen, fleur grande, pleine, rose tendre.

Amiral Lapérouse, fleur grande, pleine, rouge éblouissant passant au violet.

Amiral Gravina, fleur grande, pleine, pourpre noirâtre passant au rouge amarante.

Amiral Nelson, fleur grande, pleine, bien faite, rouge vif.

André Desportes, fleur moyenne, pleine, rouge brillant.

— *Leroy*, fleur grande, pleine, rose glacé de blanc, à centre vif.

— *Vilnat*, fleur grande, pleine, rouge velouté, violet foncé.

Antigone, fleur grande, pleine, rose foncé.

Anna Alexieff, fleur grande, pleine, beau rose clair.

— *de Diesbach*, fleur très-grande, pleine, beau rose vif.

Antoine Ducher, fleur pleine, très-grande, rouge vif, forme en coupe.

Archevêque de Paris, fleur moyenne, presque pleine, belle forme, pourpre velouté éclairé feu.

Archimède, fleur moyenne, presque pleine, lilas strié de blanc.

Ardoisé du Châlet, fleur moyenne, pleine, ardoise nuancé de cramoisi et violet.

Ardoisé de Lyon, fleur grande, pleine, bombée, rouge vif au centre, pourtour légèrement ardoisé.

Aricie, fleur grande, pleine, forme de Cent-Feuilles.

Aristide Dupuis, fleur grande, pleine, ardoisé flammé et rubané feu.

Arlès Dufour, fleur grande, pleine, pourpre foncé, à centre violet.

Armide, fleur moyenne, pleine, beau rose vif.

Arthur de Sansal, fleur moyenne, pleine, rouge ponceau.

Aspasie, fleur grande, très-pleine, rouge clair, centre cramoisi vif.

Aubernon, fleur grande, pleine, rose vif.

Auguste Mie, fleur grande, multiple, rose éclatant.

— *Pujol*, fleur grande, pleine, carmin, revers des pétales glacé.

Auguste Rivière, fleur grande, pleine, beau rouge carmin vif.

Augustine Mouchelet, fleur moyenne, pleine, rose violacé.

Aurore boréale, fleur grande, pleine, globuleuse, rouge vif éclatant.

Aurore du matin, fleur grande, pleine, aurore.

Adélaïde d'Orléans, fleur grande, pleine, beau rose nuancé lilas.

Alba floribunda, fleur moyenne, pleine, blanc carné très-frais.

Adolphe Brongniart, fleur grande, pleine, bien faite, rouge carminé vif, très-belle.

Adrien de Montebello, fleur grande, pleine, rose frais légèrement satiné.

Bacchus, fleur moyenne, cramoisi foncé vif.

Baptiste Desportes, fleur grande, pleine, bien faite, rouge vif nuancé.

Baron Adolphe de Rothschild, fleur grande, pleine, rouge feu vif.

— *de Rothschild,* fleur grande, pleine, rouge cramoisi nuancé.

— *Heeckeren de Wassenaer,* fleur très-grande, pleine, rose.

— *Larrey,* fleur grande, beau rose laque.

Baronne Athalin, fleur grande, pleine, ardoisée, parfois lignée de blanc.

— *Hallez de Claparède,* fleur moyenne, pleine, bien faite, rouge vif.

— *Lassus Saint-Geniès,* fleur grande, pleine, bien faite, beau rose vif.

— *de Kermont,* fleur moyenne, pleine, bien faite, beau rose vif.

— *Pelletan de Kinkelin,* fleur grande, pleine, rouge vif nuancé de ponceau, *extra.*

— *Prévost,* fleur grande, pleine, rose vif.

Berthe Baron, fleur grande, pleine, bien faite, rose tendre nuancé blanc.

Béatrix, fleur grande, pleine, en coupe, rose carmin, bord rose pâle.

Beauté de Royghem, fleur moyenne, pleine, rose bordé de blanc carmin.

Beauté Lyonnaise, fleur moyenne, pleine, rose tendre.

Belle Anglaise, fleur moyenne, pleine, rouge vif carmin.

— *Andalouse,* fleur moyenne, pleine, rouge vif carmin.

— *de Bourg-la-Reine,* fleur moyenne, bien faite, beau rose.

— *des massifs,* fleur moyenne, pleine, rose vif.

— *du printemps,* fleur moyenne, pleine, globuleuse, rose strié de blanc.

— *Normande,* fleur grande, pleine, globuleuse, rose tendre nuancé argenté.

— *Rose,* fleur grande, pleine, rose clair très-frais.

Bellotte, fleur moyenne, pleine, carné vif.

Beauty of Waltham, fleur moyenne, pleine, globuleuse, beau rose vif.

Benoît Cornet, fleur grande, pleine, rouge vif, à centre plus clair.

Berthe Baron, fleur grande, pleine, rose tendre.

Béranger, fleur grande, pleine, rose.

Bernard Palissy, fleur grande, pleine, bien faite, beau rouge carminé vif.

Bouquet de Marie, fleur moyenne, pleine, blanc légèrement jaunâtre.

Buffon, fleur moyenne, pleine, rouge éclatant.

Camille Bernartin, fleur grande, pleine, rouge vif.

Capitaine Rognat, fleur grande, pleine, rouge brillant.

— *John Franklin,* fleur moyenne, rouge clair.

Cardinal Patrizzi, fleur moyenne, pleine, rouge écarlate vif.

Caravane de Nîmes, fleur grande, pleine, rouge écarlate.

Caroline de Sansal, fleur grande, très-pleine, blanc carné.

Célina Dubos, fleur moyenne, blanche.

Centifolia rosea, fleur moyenne, pleine, forme de Cent-Feuilles, rose vif.

Charles Boissière, fleur grande, très-pleine, rouge vif.

Capitaine Paul, fleur moyenne, pleine, bien faite, rouge vif.

Charles Verdier, fleur très-grande, très-pleine, bien faite, beau-rose.

Claire Renard, fleur grande, rouge, provenant de Baronne Prévost.

Comtesse de Jaucourt, fleur grande, très-pleine, rose carné.

— *de Turenne,* fleur grande, pleine, carnée, centre plus vif.

— *de Vallier,* fleur moyenne, pleine, pourpre violet nuancé noir.

— *de Falloux,* fleur grande, pleine, rose nuance mauve.

— *Félicie Morguès,* fleur grande, pleine, rouge vif liseré de blanc.

Charles Lefebvre, fleur grande, pleine, bien faite, beau rouge vif.

Charlemagne, fleur grande, pleine, globuleuse, rouge cerise vif.

Charles Margottin, fleur grande, pleine, rouge vif, *extra.*

— *Rouillard,* fleur grande, pleine, belle forme, rose tendre.

— *Wood,* fleur grande, pleine, rouge très-foncé ombré de noir.

Charlotte Corday, fleur grande, pleine, rouge pourpre, revers des pétales blanc.

Châteaubriand, fleur moyenne, multipliée, rose clair.

Christina Nilson, fleur grande, bien faite, rose vif ombré de ponceau liseré de blanc.

Chevalier Nigra, fleur grande, pleine, beau rose tendre.

Christian Puttner, fleur grande, pleine, rouge ponceau très-vif.

Claude Million, fleur moyenne, pleine, écarlate carminé, nuancé de violet.

Clémentine Duval, fleur moyenne, pleine, rose carné.

Clémence Delarue, fleur grande, pleine, beau rose satiné.

—   *Joigneaux*, fleur grande, pleine, rouge vif éclatant.

—   *Lartey*, fleur moyenne, pleine, rose tendre.

Clément Marot, fleur grande, pleine, globuleuse, rose clair lilacé.

Cléopâtre, fleur moyenne, pleine, rose vif.

Clotilde Rolland, fleur grande, pleine, rose cerise tendre.

Cléosthène, fleur grande, pleine, beau rose lilas.

Colonel Poissy, fleur moyenne, pleine, rouge vif.

—   *Lory*..........

—   *de Rougemont*, fleur grande, rose.

—   *Soufflot*, fleur moyenne, pleine, rouge vif.

Comte Bobrinski, fleur grande, pleine, rouge très-vif.

—   *A. de Serenye*, fleur grande, pleine, rouge clair très-vif.

—   *de Beaufort*, fleur moyenne, pleine, pourpre nuancé noirâtre.

—   *de Cavour*, fleur moyenne, pleine, rouge vif éclairé de cramoisi.

—   *d'Eu*, fleur grande, pleine, rouge.

—   *de Paris*, fleur grande, pleine, rouge strié.

—   *de Montalivet*, fleur grande, pleine, rouge violacé.

—   *de Falloux*, fleur moyenne, pleine, cramoisi vif.

—   *de Latta*, fleur grande, pleine, velouté pourpre et feu, liseré violet.

—   *de Nanteuil*, fleur grande, pleine, rose vif.

—   *Raimbaud*, fleur grande, pleine, cerise foncé carminé.

Comtesse de Batthiany, fleur très-grande, carnée.

Commandant Mansuy, fleur grande, pleine, rouge feu vif.

Comtesse Cécile de Chabrillant, fleur moyenne, pleine, beau rose vif.

—   *de Paris*, fleur grande, pleine, beau rose groseille vif.

—   *Palikao*, fleur moyenne, beau rose tendre.

—   *de Polignac*, fleur grande, pleine, rouge ponceau velouté de feu.

—   *Duchâtel*, fleur moyenne, pleine, rose.

—   *Louise de Kergorlay*, fleur grande, pleine, pourpre vif éclatant.

—   *de Séguier*, fleur grande, pleine, globuleuse, belle forme, rouge velouté, nuancé violet.

—   *Vaillant*, fleur grande, violet clair.

Constant Lusseau, fleur moyenne, pleine, rouge clair passant au violet.

Coquette de Saint-Marceau, fleur petite, rouge cerise vif.

Cora, fleur moyenne, pleine, rose.

Cornet, fleur grande, pleine, rose tendre.

Curé de Charentay, fleur grande, pleine, pourpre foncé.

Danaë, fleur grande, pleine, beau rouge cerise éblouissant.

De la Mothe, fleur moyenne, pleine, rouge vif.

Devienne-Lamy, fleur grande, pleine, rouge carminé.

De Montebello, fleur grande, pleine, rouge éblouissant.

Denis Hélye, fleur très-grande, pleine, beau rose carminé vif.

Desgâches, fleur moyenne, pleine, rose carminé.

Deuil de l'empereur Maximilien, fleur grande, pleine, rouge pourpre noirâtre, nuancé et éclairé feu vif.

— *de Willermoz,* fleur moyenne, pleine, pourpre noirâtre.

— *de la reine des Belges,* fleur grande, pleine, rouge foncé.

— *du prince Albert,* fleur grande, pleine, cramoisi noir brillant.

Docteur Ad. Eisl, fleur grande, pleine, rouge vif.

— *Andry,* fleur grande, pleine, rouge foncé carminé vif.

— *Arnal,* fleur moyenne, pleine, bien faite, rouge vif.

— *Bretonneau,* fleur moyenne, pleine, rouge vif nuancé de pourpre.

— *Cayrade,* fleur grande, pleine, rose tendre.

— *Hénon,* fleur moyenne, pleine, blanc velouté jaunâtre.

— *Hurta,* fleur très-grande, pleine, rose vif passant au rouge pourpre.

— *Jamain,* fleur moyenne, rouge éclatant.

— *Marx,* fleur moyenne, pleine, rouge violacé.

— *Reynaud,* fleur grande, pleine, rose maculé rouge.

— *Rhuschspler,* fleur grande, pleine, rose pur, plus vif au centre.

— *Spitzer,* fleur grande, pleine, rouge vif velouté.

— *Vingtrinier,* fleur grande, pleine, beau rouge cramoisi vif, ombré pourpre.

Dominique Daran, fleur grande, pleine, en coupe, pourpre velouté.

Duc d'Alençon, fleur moyenne, pleine, rose vif.

— *d'Anjou,* fleur moyenne, pleine, pourpre nuancé de sombre.

— *de Bassano,* fleur grande, pleine, cramoisi foncé velouté.

Duc Cambridge, fleur moyenne, pleine, bien faite, rouge vif.

— *Decazes,* fleur grande, pleine, globuleuse, pourpre velouté.

— *d'Édimburgh,* fleur grande, cramoisi ombré de carmin.

— *Malakoff,* fleur moyenne, pleine, rouge amarante.

— *de Rohan,* fleur très-grande, pleine, rouge vif nuancé de vermillon.

— *de Wellington,* fleur grande, pleine, rouge vif ombré de noir.

— *d'Ossuna,* fleur moyenne, pleine, rouge vif carminé.

Devienne-Lamy, fleur grande, pleine, rouge carminé.

Dupuis Jamain, fleur grande, pleine, cerise vif.

Duchesse de Cambacérès, fleur grande, pleine, rose vif.

— *de Caylus,* fleur grande, pleine, carmin clair brillant.

— *d'Aoste,* fleur grande, pleine, rose vif glacé.

— *de Medina-Cœli,* fleur grande, pleine, pourpre sanguin.

— *de Montpensier,* fleur grande, pleine, beau rose tendre.

— *de Norfolk,* fleur grande, pleine, rose foncé.

— *d'Orléans,* fleur grande, pleine, rose hortensia.

— *de Sutherland,* fleur moyenne, carné tendre.

— *de Magenta,* fleur pleine, blanc jaunâtre.

— *de Morny,* fleur grande, pleine, beau rose vif.

— *de Praslin,* fleur grande, pleine, rose tendre.

— *de Rohan,* fleur grande, pleine, rouge vif.

Dunois, fleur grande, pleine, rouge carminé nuancé feu.

Duplessis-Mornay, fleur moyenne, pleine, rose.

Édouard Ory, fleur grande, pleine, rouge vermillon.

Élégante, fleur moyenne, pleine, rose éclatant.

Élie de Beaumont, fleur grande, pleine, rouge velouté nuancé de carmin.

— *Morel,* fleur grande, pleine, rose lilacé.

Élisabeth Vigneron, fleur grande, pleine, beau rose.

Émile Dulac, fleur grande, pleine, en coupe, rose vif.

Empereur Napoléon, fleur moyenne, cramoisi velouté.

— *du Maroc,* fleur grande, pleine, cramoisi velouté noir.

— *du Mexique,* fleur grande, pleine, rouge velouté satiné.

Enfant d'Ameugny, fleur grande, pleine, rose tendre strié de blanc.

Ernest Boncenne, fleur grande, pleine, rose brillant.

Eugène Scribe, fleur très-grande, pleine, rouge vif feu éblouissant.

Ernestine de Barante, fleur petite, rose vif.

Ernest Bergmann, fleur grande, pleine, rose vif.

Emilie Hausburg, fleur grande, pleine, rose tendre glacé et satiné.

Euryanthe, fleur grande, presque pleine, rouge ombré de noir velouté.

Enfant de France, fleur très-grande, pleine, rouge au centre, bords plus clairs.

Étendard de Marengo, fleur moyenne, demi-pleine, rouge éclatant.

Eugène Alary, fleur très-grande, pleine, rose violacé.

— *Appert,* fleur moyenne, pleine, écarlate cramoisi vif.

— *Sue,* fleur grande, pleine, globuleuse, rose vif.

— *Bourcier,* fleur moyenne, pleine, rouge pourpre velouté.

— *Verdier,* fleur grande, pleine, violet foncé.

— *Petit,* fleur grande, pleine, carmin vif éclatant.

Eugénie Lebrun, fleur grande, pleine, amarante nuancé brun.

Euphrasie Rousseau, fleur grande, pleine, rose vif strié blanc.

Évêque de Meaux.....

— *de Nîmes,* fleur grande, pleine, pourpre noir.

Exposition de Brie, fleur grande, pleine, rouge éblouissant.

Fanny Petzold, fleur moyenne, pleine, rose clair satiné de blanc.

Félix Peretti, fleur moyenne, pleine, carnée.

— *Genero,* fleur grande, pleine, rose violacé.

Félicité Rigeaux, fleur moyenne, blanc rosé.

Fénelon, fleur moyenne, rouge vif carminé.

Fischer Holmes, fleur grande, pleine, rouge écarlate brillant.

Florian, fleur moyenne, pleine, cerise vif.

François Arago, fleur grande, pleine, amarante velouté.

— *Dubois,* fleur grande, très-pleine, rouge vif ombré cramoisi.

— *Fontaine,* fleur grande, pleine, pourpre et feu.

— *Premier,* fleur grande, pleine, en coupe, rouge cerise, nuancé rouge sombre.

— *Lacharme,* fleur grande, pleine, carmin vif.

— *Treyve,* fleur grande, pleine, en coupe, écarlate foncé luisant.

Général Barral, fleur moyenne, pleine, beau rose violacé.

— *Desaix,* fleur grande, très-pleine, feu et ponceau.

— *Bedeau,* fleur moyenne, rouge vif.

— *de Bréda,* fleur grande, pleine, rouge clair.

Général Cavaignac, fleur grande, pleine, bien faite, rose vif.
— *Castellane,* fleur grande, pleine, rouge vermillon.
— *Changarnier,* fleur grande, multiple, violet.
— *de Mirandol,* fleur grande, pleine, rouge écarlate.
— *d'Hautpoul,* fleur grande, pleine, rouge vif.
— *Forey,* fleur grande, pleine, en coupe, rouge vineux.
— *Jacqueminot,* fleur très-grande, demi-pleine, rouge vermillon.
— *Pélissier,* fleur grande, pleine, rose vif carminé.
— *Pierce,* fleur moyenne, rouge violacé.
— *Simpson,* fleur moyenne, pleine, rouge vif.
— *Washington,* fleur grande, pleine, rouge éblouissant.
Garibaldi, fleur grande, pleine, rouge lilacé.
Géant des batailles, fleur moyenne, pleine, rouge éblouissant.
Georges Paul, fleur grande, pleine, rose vif éclatant.
— *Prince,* fleur moyenne, pleine, rouge vif éblouissant.
— *Simon,* fleur grande, pleine, rouge vif brillant.
Génie de Châteaubriand, fleur grande, pleine, rouge violacé.
Gerbe des Roses, fleur moyenne, pleine, rose lilacé.
Gervais Rouillard, fleur moyenne, rose tendre nuancé.
Gloire de Montplaisir, fleur grande, pleine, rouge très-vif.
— *de Châtillon,* identique avec Mme Masson.
— *de Ducher,* fleur très-grande, pourpre et ardoisé.
— *de France,* fleur grande, pleine, cramoisi nuancé.
— *de Lyon,* fleur moyenne, pleine, cramoisi noir.
— *de Parthenay,* fleur moyenne, pleine, carnée.
— *de Santhenay,* fleur grande, pleine, rouge pourpre foncé.
— *de Vitry,* fleur grande, pleine, rose très-vif.
— *du Sacré-Cœur,* fleur moyenne, pleine, rose carné, pointé rouge vif.
Glory of Waltham, fleur grande, pleine, beau rouge brillant.
Graziella, fleur moyenne, pleine, rose tendre nuancé.
Giulietta, fleur moyenne, pleine, blanc légèrement carné.
Gustave Coreux, fleur grande, pleine, globuleuse, rouge vif.
— *Persin,* fleur grande, pleine, rouge pourpre et feu.
— *Rousseau,* fleur moyenne, pleine, rouge nuancé de violet.
Grandiflora, fleur très-grande, pleine, rouge clair passant au rose vif.

Grégoire Bordillon, fleur très-grande, pleine, écarlate.

Globosa, fleur globuleuse, cramoisi clair brillant.

Gloire de Thalwitz, fleur moyenne, pleine, rouge carminé.

Héliogabale, fleur grande, pleine, rouge brillant velouté.

Henri-Quatre, fleur moyenne, pleine, rouge brillant.

Horace Vernet, fleur grande, pleine, rouge velouté, nuancé cramoisi.

Henri Ledéchaux, fleur pleine, beau rose vif.

H. Laurentius, fleur grande, pleine, rouge cramoisi velouté.

Hippolyte Flandrin, fleur grande, pleine, beau rose vif.

Impératrice des Français, fleur grande, pleine, rose, centre plus clair.

— *Eugénie,* fleur moyenne, pleine, blanc pur.

— *du Brésil,* fleur grande, pleine, rose violacé.

Inermis, fleur moyenne, pleine, beau rose.

Impératrice Charlotte, fleur grande, pleine, beau rose tendre.

— *Maria-Alexandrina,* fleur moyenne, pleine, blanc rosé.

James Dikson, fleur grande, pleine, cramoisi nuancé pourpre violet.

Jacques Laffite, fleur grande, pleine, rose vif.

Jean-B. Guillot, fleur moyenne, pleine, rouge violet foncé.

Jean-B. Rousseau, fleur grande, pleine, beau rose tendre.

Jean Cherpin, fleur grande, pleine, rouge pourpre velouté.

— *Bart,* fleur grande, pleine, beau rouge violet velouté.

— *Coujon,* fleur grande, pleine, rose vif, *extra.*

— *Lambert,* fleur grande, pleine, rouge ponceau nuancé feu.

— *Touvais,* fleur grande, pleine, rouge brun, *extra.*

— *Rosenkratz,* fleur grande, pleine, rouge corail très-vif.

— *Brosse,* fleur grande, pleine, rose foncé.

Jeanne d'Arc, fleur grande, large, pétales pleins, blanc, centre rose.

— *Hachette,* fleur grande, pleine, beau rouge vif.

Jenny Varin, fleur moyenne, pleine, rose tendre nuancé.

Johasine Hanet, fleur moyenne, pleine, rouge pourpre.

John Grier, fleur grande, pleine, beau rouge clair.

— *Hopper,* fleur grande, pleine, beau rose vif, forme *extra.*

— *Keynes,* fleur moyenne, pleine, rouge vif nuancé de marron.

— *Nesmith,* fleur grande, pleine, rouge cramoisi vif.

Joseph Decaisne, fleur grande, pleine, beau rose satiné.

— *Durand,* fleur moyenne, pleine, rouge foncé ardoisé.

Joseph Fiala, fleur grande, pleine, rouge foncé vif.

— *Vernet,* fleur moyenne, pleine, beau rose vif.

— *Waterer,* fleur grande, pleine, bien faite, beau **rouge écar**-late.

Joséphine de Beauharnais, fleur grande, pleine, beau rose vif carné, extra.

— *Ledéchaux,* fleur moyenne, pleine, aurore lavé de rose.

— *Robert,* fleur moyenne, pleine, rose tendre.

Julia de Krudner, fleur moyenne, pleine, carné pâle.

Juliette, fleur grande, pleine, rouge vif ardoisé.

Julie Dupont, fleur moyenne, pleine, rose vif.

— *Guinoiseau,* fleur moyenne, rose vif.

Jules Bourgeois, fleur moyenne, pleine, rouge foncé velouté.

— *Calot,* fleur grande, pleine, bien faite, rouge carminé vif, liseré blanc.

— *Lavay,* fleur moyenne, pleine, beau rose carné vif.

— *Margottin,* fleur grande, rouge cerise vif.

— *Ravenel,* fleur moyenne, pleine, globuleuse, rose pourpre vif.

— *Roussignihol,* fleur moyenne, rouge vif foncé, nuancé carminé de feu.

Julie Treyve, fleur grande, pleine, blanche, à reflets rose lilacé.

Julia Touvais, fleur grande, pleine, rose carné virginal satiné.

Kate Hausburg, fleur grande, pleine, rose de Chine très-vif.

King's-Acre, fleur grande, globuleuse, rose pourpré, revers des pétales plus clair.

Lacépède, fleur moyenne, pleine, plate, rouge clair brillant.

Labédoyère, fleur grande, pleine, rouge éclatant.

L'Abondant, fleur grande, pleine, rouge vif nuancé de feu.

L'Abbé Laury, fleur moyenne, pleine, rouge vif nuancé.

L'Aurore du matin, fleur très-grande, aurore coloris nouveau.

La Brillante, fleur moyenne, pleine, carmin clair transparent.

La Coquette, fleur moyenne, pleine, globuleuse, rouge très-vif cramoisi.

La Comète, fleur grande, pleine, globuleuse, rose violacé vif.

Lady Alice Peel, fleur grande, pleine, rose vif.

— *Emily Peel,* fleur moyenne, pleine, légèrement rosée, très-jolie.

— *Fordwich,* fleur moyenne, pleine, rouge vif.

— *Milson,* fleur moyenne, pleine, rose violacé.

Lady Stuart, fleur grande, pleine, carné tendre.

— *Suffield,* fleur grande, pleine, belle forme, cramoisi pourpre.

La Chérie, fleur grande, pleine, rose vif.

La Esméralda, fleur moyenne, pleine, rose vif.

Lelia, fleur grande, pleine, beau rose vif.

La Globuleuse, fleur très-grande, pleine, globuleuse, rose tendre glacé.

La tour de Crouy, fleur grande, pleine, carné tendre saumoné.

La reine de la Pape, fleur très-grande, très-pleine, beau rose violacé.

La Fontaine, fleur grande, pleine, beau rose vif.

La Lisette de Béranger, fleur moyenne, pleine, globuleuse, rose carné passant au blanc, pétales bordés rose.

La Sirène, fleur grande, pleine, rouge amarante et rose pourpre.

Laure Ramand, fleur moyenne, pleine, rose tendre.

Laurent Descourt, fleur grande, presque pleine, pourpre velouté.

La ville de Saint-Denis, fleur moyenne, pleine, rose foncé vif.

La France, fleur moyenne, pleine, rose lilacé blanchâtre.

Lane, fleur moyenne, très-pleine, rose.

La Reine, fleur grande, pleine, rose lilacé.

La Pivoine, fleur grande, pleine, rouge ponceau.

La Tendresse, fleur grande, pleine, en coupe, beau rose hortensia.

L'Éblouissante, fleur très-grande, pleine, rouge clair éblouissant.

L'Éclatante, fleur moyenne, pleine, rouge ponceau.

L'Élégante, fleur moyenne, pleine, rose.

L'Enfant du Mont-Carmel, fleur grande, pleine, amarante.

Léonce Moïse, fleur grande, pleine, rouge feu vif éclatant velouté.

Léopold Hausburg, fleur grande, pleine, beau rouge carminé.

Léopold premier, roi des Belges, fleur très-grande, très-pleine, rouge foncé vif.

Léopold deux, fleur grande, pleine, en coupe, rose saumoné.

Le Géant, fleur très-grande, pleine, rose vif, teinte reflétée violet.

Le Juif-Errant, fleur grande, pleine, pourpre violet noirâtre.

Le Rhône, fleur grande, pleine, rouge vermillon.

Le Lion de combat, fleur grande, pleine, rouge foncé nuancé de feu.

Louis Buillat, fleur grande, pleine, rouge cramoisi vif nuancé velouté.

Lord Clyde, fleur grande, pleine, cramoisi écarlate.

Lord Palmerston, fleur moyenne, pleine, rouge écarlate.

— *Raglan*, fleur moyenne, pleine, centre feu vif violacé.

— *Elgin*, fleur moyenne, pleine, pourpre noirâtre nuancé rouge.

— *Herbert*, fleur grande, pleine, beau rose carminé.

— *Macaulay*, fleur grande, plcine, globuleuse, cramoisi velouté.

Louis Bonaparte, fleur moyenne, presque pleine, rose vif.

— *Chaix*, fleur grande, pleine, rouge vif ombré de cramoisi.

— *Quatorze*, fleur grande, pleine, rouge cramoisi velouté éclatant.

— *d'Autriche*, fleur grande, pleine, violet évêque.

— *Odier*, fleur grande, pleine, beau rose vif.

— *Noisette*, fleur grande, pleine, globuleuse, beau rose carmin.

— *Van Houtte*, fleur très-grande, pleine, rose vif carminé.

Louise Damaisin, fleur moyenne, pleine, blanc virginal.

— *Perronny*, fleur très-grande, pleine, rose foncé.

— *Darzins*, fleur moyenne, pleine, bien faite, blanc jaunâtre.

Ludovic Létaud, fleur moyenne, pleine, rose.

Madame Adèle Huzard, fleur moyenne, pleine, globuleuse, rose vif, liseré blanchâtre.

— *Alice Dureau*, fleur grande, pleine, globuleuse, rose clair.

— *Anna Bugnet*, fleur grande, pleine, blanc carné passant au rose.

— *Amédée Despeyre*, fleur grande, pleine, blanc virginal.

— *André Leroy*, fleur grande, double, rose saumoné.

— *Amb. Verschaffelt*, fleur grande, pleine, rose tendre, liseré blanc.

— *Andry*, fleur grande, pleine, rose lilacé foncé.

— *Auguste Van Geert*, fleur moyenne, pleine, rose foncé strié plus clair.

— *Alfred de Rougemont*, fleur moyenne, pleine, forme de Cent-Feuilles, blanc rosé.

— *Barriot*, fleur très-grande, pleine, rose carminé nuancé.

— *Baptiste Desportes*, fleur grande, pleine, beau rose tendre.

— *Boutin*, fleur grande, pleine, beau rose cerise.

— *Bellender Ker*, fleur moyenne, pleine, blanc pur.

— *Brianson*, fleur grande, pleine, rouge carminé ombré de ponceau.

— *Boll*, fleur grande, pleine, beau rose vif.

Madame Bruny, fleur moyenne, pleine, blanc carné lilacé.

— *Canrobert*, fleur grande, pleine, blanc lilacé superbe.

— *Charles Crapelet*, fleur grande, pleine, beau rouge cerise.

— *Charles Roy*, fleur grande, pleine, beau rose violacé satiné.

— *Charles Verdier*, fleur grande, pleine, beau rose tendre.

— *Charles Wood*, fleur grande, pleine, rouge éblouissant.

— *Chirard*, fleur très-grande, beau rose vif.

— *Céline Touvais*, fleur grande, pleine, beau rose vif.

— *Clert*, fleur grande, pleine, beau rose saumoné.

— *Crespin*, fleur moyenne, pleine, nuancée de violet.

— *Creyton*, fleur grande, pleine, carmin brillant nuancé rose.

— *Damène*, fleur moyenne, pleine, rose vif.

— *Derreulx-Douville*, fleur grande, pleine, beau rose bordé de blanc.

— *de Valembourg*, fleur grande, pleine, rouge vif nuancé.

— *Domage*, fleur grande, rose vif.

— *Ducher*, fleur grande, pleine, rose tendre.

— *de Cambacérès*, fleur moyenne, rose vif.

— *Désiré Giraud*, fleur moyenne, pleine, rose strié de blanc.

— *Dubas*, fleur grande, pleine, rouge vermillon éclatant.

— *Élisa Vilmorin*, fleur grande, pleine, rouge vermillon vif.

— *Élisa Chabria*, fleur grande, pleine, rouge clair.

— *Émain*, fleur grande, pleine, globuleuse, rouge pourpre ardoisé.

— *Émile Boyau*, fleur grande, pleine, blanc rosé, plante superbe.

— *Ernest Dréol*, fleur moyenne, pleine, rouge foncé.

— *Eugène Appert*, fleur grande, pleine, beau rose.

— *Eugène Cavaignac*, fleur grande, pleine, rose tendre et vif.

— *Eugène Verdier*, fleur grande, pleine, beau rose vif.

— *Freeman*, fleur moyenne, pleine, blanc légèrement rosé.

— *Fremoin*, fleur moyenne, pleine, rouge vif.

— *Fresnoy*, fleur moyenne, pleine, rose tendre.

— *Fillion*, fleur grande, pleine, rose saumoné, *extra*.

— *Furtado*, fleur grande, pleine, beau rose vif.

— *Georges-Paul*, fleur grande, pleine, rose vif liseré blanc.

— *Guillot*, fleur moyenne, pleine, rose vif.

Madame *Guinoiseau,* fleur grande, très-pleine, globuleuse, rose vif.

— *Gustave Bonnet,* fleur moyenne, pleine, blanc rosé.

— *Gonod,* fleur moyenne, pleine, rose satiné, revers des pétales blanc.

— *Haimnan,* fleur grande, pleine, rose tendre.

— *Harriett Stowe,* fleur grande, pleine, rose tendre.

— *Jelye,* fleur grande, pleine, rouge carminé lilacé.

— *Hénon,* fleur grande, pleine, rose tendre.

— *Hector Jacquin,* fleur grande, rose lilacé.

— *Héraud,* fleur moyenne, pleine, rose satiné.

— *Hermann Stenger,* fleur grande, pleine, belle forme, rose vif.

— *Hilaire,* fleur grande, pleine, bien faite, rose, revers des pétales blanchâtre.

— *Hitz,* fleur moyenne, pleine, carnée.

— *Hoste,* fleur moyenne, pleine, bien faite, rose carné.

— *Jacquier,* fleur grande, pleine, beau violet évêque.

— *James Gros,* fleur grande, pleine, carminé clair bordé de blanc.

— *Julie Daran,* fleur grande, pleine, coloris rouge vermillon satiné.

— *Jenny Varin,* fleur moyenne, pleine, rose vif.

— *Knorr,* fleur moyenne, pleine, rose tendre.

— *Lacour Jary,* fleur moyenne, blanc rosé.

— *Laffay,* fleur grande, pleine, rouge clair.

— *La Moricière,* fleur moyenne, pleine, rose vif.

— *Louise Carique,* fleur moyenne, pleine, rouge vif.

— *Louise Thénard,* fleur moyenne, pleine, rose violacé.

— *Maker,* fleur grande, presque pleine, blanc rosé.

— *Malherbe,* fleur moyenne, pleine, rose vif.

— *Manoël,* fleur grande, pleine, beau rose nuancé.

— *Masson,* fleur grande, ponceau cramoisi clair.

— *Mélanie,* fleur moyenne, presque pleine, violet pourpre.

— *Moreau,* fleur grande, pleine, beau rouge vif, *extra.*

— *Oger,* fleur moyenne, pleine, rose vif.

— *Pepin,* fleur moyenne, pleine, beau rose tendre.

— *Phelip,* fleur grande, pleine, rose très-tendre.

— *Placé,* fleur grande, très-bien faite, rose vif.

Madame Pauline Villot, fleur grande, pleine, rouge vif nuancé de carmin.

— *Rivers,* fleur moyenne, pleine, beau rose pâle glacé.

— *Rousset,* fleur grande, pleine, beau rose tendre.

— *Standish,* fleur moyenne, pleine, beau rose clair.

— *Soupert,* fleur moyenne, pleine, blanc rosé.

— *Thellier,* fleur moyenne, bien carnée.

— *Théodore Martell,* fleur grande, blanc rosé.

— *de Trotter,* fleur moyenne, pleine, rouge.

— *Trudeau,* fleur grande, pleine, beau rose vif.

— *Van Houtte,* fleur moyenne, pleine, rose tendre.

— *Verschaffelt,* fleur grande, pleine, beau rose tendre et vif.

— *Victor Verdier,* fleur grande, pleine, bien faite, cramoisi brillant.

— *Vidot,* fleur moyenne, blanc carné.

— *Vigneron,* fleur très-grande, pleine, beau rose hortensia vif.

— *William Paul,* fleur grande, pleine, rouge violet vif nuancé feu.

Mademoiselle Adèle Launay, fleur grande, pleine, beau rose tendre.

— *Amélie Halphen,* fleur moyenne, pleine, beau rose tendre.

— *Berthe Lirique,* fleur grande, pleine, blanc rosé passant au rose tendre.

— *Bonnaire,* fleur grande, pleine, légèrement rosée.

— *Eugénie Verdier,* fleur moyenne, pleine, bien faite, légèrement carnée.

— *Gabrielle de Peyronny,* fleur grande, pleine, rouge feu nuancé de violet.

— *Godard,* fleur grande, pleine, rose clair.

— *Henriette Dubus,* fleur grande, pleine, rouge vif.

— *Julia Touvais,* fleur grande, pleine, beau rose carné virginal.

— *Léonie Persin,* fleur grande, pleine, rose vif glacé.

— *Lobry,* fleur moyenne, pleine, blanc rosé.

— *Loïde de Falloux,* fleur grande, pleine, blanc légèrement rosé.

— *Marie Dauvesse,* fleur moyenne, pleine, rose vif.

— *Marie Aviat,* fleur moyenne, pleine, rose lilacé.

Mademoiselle Marie Liabaud, fleur moyenne, pleine, rose carné.

—   *Marie-Louise de Vitry,* fleur moyenne, pleine, beau rose satiné.

—   *Éléonore Grier,* fleur grande, pleine, beau rose foncé vif.

—   *Élise Chabrier,* fleur grande, très-pleine, rose tendre et blanc rosé.

—   *Marie de Villeboisnet,* fleur très-grande, pleine, beau rose tendre.

—   *Marie Bady,* fleur grande, pleine, beau rouge vif nuancé pourpre.

—   *Marie Baumann,* fleur grande, pleine, cramoisi foncé et brillant.

—   *Marie Boissée,* fleur moyenne, pleine, blanc rosé.

—   *Portier,* fleur moyenne, pleine, beau rose tendre.

—   *Thérèse Levet,* fleur grande, pleine, beau rose satiné, extra.

—   *Thérèse Coumer,* fleur grande, pleine, rose vif glacé, centre blanc pur.

Marcella, fleur grande, pleine, rose saumoné.

Marcel Grandmon, fleur grande, pleine, rouge brun foncé.

Marguerite Saint-Amand, fleur grande, pleine, beau rose tendre.

Marguerite Dombrain, fleur grande, pleine, beau rose virginal très-tendre.

Ma Pivoine, fleur grande, pleine, pæoniforme, pourpre violet foncé.

Marquise de Mortemart, fleur très-grande, pleine, blanc satiné carné.

Maréchal Canrobert, fleur moyenne, pleine, rouge vif.

—   *Bazaine,* fleur moyenne, pleine, rose carné tendre.

—   *Forey,* fleur grande, pleine, bien faite, rouge cramoisi foncé.

—   *Forey,* fleur grande, pleine, rose hortensia, à bords plus clairs.

—   *Suchet,* fleur moyenne, pleine, beau rose carminé.

—   *Suchet,* fleur grande, pleine, rouge cramoisi ombré marron.

—   *de la Brunerie,* fleur moyenne, pleine, lilas foncé ardoisé.

—   *Gaspard,* fleur grande, pleine, rose.

—   *Soult,* fleur moyenne, pleine, pourpre vif.

—   *Vaillant,* fleur grande, pleine, beau rouge pourpre vif.

Marguerite d'Anjou, fleur moyenne, pleine, rose tendre.

Marguerite de Vaubrun, fleur moyenne, pleine, rose clair.

Marquise Boccella, fleur moyenne, pleine, blanc rosé.

— *de Mac-Mahon,* fleur grande, pleine, rose hortensia.

— *de Murat,* fleur grande, pleine, rose très-tendre.

Mathurin Régnier, fleur moyenne, pleine, bien faite, beau rose tendre.

Maurice Bernardin, fleur grande, pleine, rouge vif, *extra.*

Mélanie Cornu, fleur grande, pleine, rose.

Mère de saint Louis, fleur grande, pleine, rose virginal.

Marguerite d'Anjou, fleur très-grande, très-pleine, beau rouge pourpre éclatant.

Mexico, fleur moyenne, pleine, rouge pourpre velouté.

Michel-Ange, fleur moyenne, rouge pourpre vif.

Minerve, fleur moyenne, pleine, rose pâle.

Minerve, 1869, fleur grande, pleine, cramoisi nuancé de rouge feu.

Mistress Elliot, fleur grande, pleine, rose lilacé.

— *Standish,* fleur grande, pleine, rose tendre.

Monsieur Boncenne, fleur grande, pleine, pourpre noir velouté.

— *Barillet-Deschamps,* fleur grande, pleine, rouge vif brillant.

— *Chaix d'Est-Ange,* fleur grande, pleine, rouge vermillon brillant.

— *Dunand,* fleur moyenne, pleine, rouge très-vif.

— *Joigneaux,* fleur grande, pleine, rouge pourpre, à centre noirâtre.

— *Journeaux,* fleur grande, pleine, rouge écarlate, très-bien faite.

— *de Montigny,* fleur grande, pleine, beau rouge carminé.

— *Moreau,* fleur grande, pleine, rouge vif éclatant nuancé de violet.

— *Noman,* fleur grande, pleine, rose tendre liseré blanc.

— *Pierson,* fleur grande, pleine, rouge amarante.

— *Plasançon,* fleur très-grande, pleine, globuleuse, carmin foncé.

— *Pontbriand,* fleur grande, pleine, bien faite, cramoisi et carmin.

— *Thiers,* fleur grande, très-pleine, beau rouge brillant.

Monte-Christo, fleur grande, pleine, beau rouge éblouissant.

Mousseline, fleur moyenne, pleine, beau rose tendre.

Murillo, fleur moyenne, pleine, rouge pourpre ombré de violet.

Nardy, fleur grande, pleine, rose violacé à reflets ardoisé.

Newton, fleur pleine à rosette foncé rose.

Noémi, fleur moyenne, pleine, rose clair.

Notaire Bonnefond, fleur grande, pleine, rouge pourpre velouté.

Notre-Dame-de-Fourvières, fleur grande, pleine, beau rose tendre satiné.

Olivier de Serres, fleur grande, pleine, rose foncé.

Olivier Delhomme, fleur moyenne, pleine, rouge brillant.

Orderic Vital, fleur moyenne, pleine, beau rose tendre.

Oriflamme de saint Louis, fleur grande, pleine, rouge éblouissant.

Ornement des jardins, fleur moyenne, pleine, rouge cramoisi.

Palais de Cristal, fleur grande, pleine, carné vif.

Palestro, fleur moyenne, pleine, bien faite, rouge lilacé.

Palmyre, fleur grande, pleine, carnée.

Panachée d'Orléans, fleur moyenne, pleine, rose tendre strié carmin.

— *de Luxembourg,* fleur moyenne, pourpre strié et panaché de rose saumoné.

Paul Desgrands, fleur moyenne, globuleuse, rouge clair teinté violet.

— *de la Meilleraie,* fleur grande, pleine, rose cerise.

— *Dupuis,* fleur grande, pleine, cramoisi foncé passant au violet.

— *Féval,* fleur grande, pleine, beau rose vif.

— *Fontaine,* fleur moyenne, pleine, beau rose lilacé.

— *Verdier,* fleur grande, pleine (corymbifère), rose vif.

Pauline Bonaparte, fleur moyenne, pleine, blanche.

— *Lansezeur,* fleur moyenne, pleine, beau rouge.

Parmentier, fleur moyenne, pleine, rose foncé.

Pavillon de Prégny, fleur moyenne, pleine, moitié blanche, moitié rouge.

Peonia, fleur grande, pleine, rouge cramoisi.

Peter Lawson, fleur grande, pleine, ponceau ombré carmin.

Perfection, fleur très-grande, pleine, rose foncé et satiné.

Perpétuelle de Neuilly, fleur grande, pleine, rose carminé.

Pie IX, fleur grande, pleine, rouge cramoisi violacé.

Pierre Dupont.

Pierre Noting, fleur grande, pleine, rouge pourpre noirâtre.

Pline, fleur très-grande, pleine, rouge vermillon passant au rouge violet.

Pigeron, fleur grande, pleine, rose carminé.

Pourpre d'Orléans, fleur moyenne, pleine, pourpre foncé.

Praire de terre noir, fleur grande, pleine, violet nuancé vif.

Président Lincoln, fleur grande, pleine, rouge cerise et brun.

—   *Willermoz,* fleur grande, belle forme, rose vif.

—   *Porcher,* fleur très-grande, pleine, rose clair et carmin.

—   *Mas,* fleur grande, pleine, rouge violet nuancé velouté.

Pitord, fleur grande, pleine, rouge feu, centre velouté pourpre.

Prince Albert, fleur grande, pleine, rose nuancé vermillon.

— *Camille de Rohan,* fleur moyenne, cramoisi marron vif.

— *Chipetonzikoff,* fleur grande, pleine, beau rouge.

— *de Galles,* fleur moyenne, rose lilacé.

— *de Joinville,* fleur grande, pleine, cramoisi brillant.

— *de la Moskowa,* fleur moyenne, presque pleine, cramoisi foncé noir.

— *de Porcia,* fleur grande, pleine, vermillon foncé vif.

— *des Pays-Bas,* fleur grande, pleine, globuleuse, pourpre cramoisi.

— *Eugène de Beauharnais,* fleur moyenne, pleine, rouge éclatant.

— *Impérial,* fleur grande, pleine, rose satiné.

— *Léon de Kotschoubey,* fleur très-grande, pleine, rouge vif.

— *Noir,* fleur moyenne, presque pleine, pourpre noirâtre.

— *Humbert,* fleur grande, pleine, rouge carmin velouté violet.

Princesse Alice, fleur moyenne ou grande, rose vif.

— *Clotilde,* fleur moyenne, pleine, carné tendre.

— *de Joinville,* fleur grande, pleine, rose.

— *impériale Clotilde* (E. Verdier), fleur moyenne, blanc jaunâtre.

— *Hélène,* fleur grande, pleine, rouge clair.

— *Lichtenstein,* fleur moyenne, pleine, blanc légèrement rosé.

— *Mathilde,* fleur moyenne, pleine, bien faite, violet évêque.

— *of Wales,* fleur grande, pleine, rouge cramoisi brillant.

— *Mary of Cambridge,* fleur grande, pleine, beau rose frais.

— *Henry des Pays-Bas,* fleur moyenne, pleine, blanc argenté.

Professeur Duchartre, fleur grande, pleine, rouge clair satiné.

— *Koch,* fleur moyenne, pleine, rose cerise carminé.

Perfection de Lyon, fleur très-grande, en coupe, rose lilacé.

Prudence Besson, fleur grande, pleine, rose cerise tendre.

— *Rœser,* fleur moyenne, pleine, rose clair.

Puebla, fleur grande, pleine, rouge vermillon éclatant.

Purpurine, fleur grande, pleine, rouge pourpre nuancé.

Queen Victoria, fleur très-grande, blanc légèrement carné.

Ravel, fleur grande, pleine, rouge vif.

Red Rower, fleur moyenne, pleine, rose vif.

Reine de Castille, fleur grande, pleine, rouge vif éclatant velouté.

— *de Danemark,* fleur grande, carné tendre légèrement lilacé.

— *des fleurs,* fleur grande, pleine, rose.

— *de la cité,* fleur moyenne, pleine, bombée, beau rose vif.

— *de la Guillotière,* fleur grande, pleine, cramoisi violet.

— *des violettes,* fleur moyenne ou grande, pleine, violet nuancé de rouge.

— *Mathilde,* fleur grande, pleine, rose tendre.

— *du Midi,* fleur grande, pleine, beau rose tendre.

Racine, fleur grande, pleine, rouge carmin foncé.

Reynolds Hole, fleur grande, pleine, bien faite, rose brillant.

Réveil, fleur moyenne, pleine, rose pourpre.

Richard Smith, fleur moyenne, pleine, rouge pourpre nuancé violet.

Robert de Brie, fleur grande, beau rose tendre.

— *Fortune,* fleur pleine, rouge très-vif.

Roi David, fleur grande, pleine, rouge pourpre vif.

— *d'Espagne,* fleur grande, pleine, rouge éclatant reflété de pourpre.

Rosa mundi, fleur grande, pleine, rose virginal.

Rosine Margottin, fleur moyenne, pleine, carné tendre.

— *Navaux,* fleur grande, pleine, rose vif, bord des pétales argenté.

— *Parron,* fleur grande, pleine, rouge vif nuancé de blanc.

Rose de la Reine, fleur très-grande, pleine, rose satiné lilacé.

Rubens, fleur grande, presque pleine, amarante velouté.

Rushton Radcliffe, fleur grande, pleine, imbriquée, rouge cerise clair.

Rouge marbré, fleur grande, très-pleine, rouge vif velouté marbré violet.

Sémiramis, fleur grande, globuleuse, rose carné tendre.

Sénateur Vaïsse, fleur grande, pleine, rouge éclatant.

— *Favre,* fleur moyenne ou grande, pleine, rouge vermillon éclatant.

— *Réveil,* fleur moyenne, pleine, rouge cramoisi nuancé de pourpre.

Sidonie, fleur grande, pleine, rose.

Simon Saint-Jean, fleur grande, presque pleine, rouge pourpre et noir.

— *Oppenheim,* fleur moyenne, pleine, rouge carmin très-vif.

Société d'horticulture de Melun, fleur blanc jaunâtre.

Soleil d'Austerlitz, fleur grande, pleine, rouge éclatant.

Sophie Coquerel, fleur grande, pleine, rouge éclatant.

Souvenir d'Abraham Lincoln, fleur moyenne, pleine, cramoisi vif.

— *de Bernardin de Saint-Pierre,* fleur grande, pleine, variable du cramoisi velouté au violet.

— *de Charles Montault,* fleur moyenne, pleine, rouge feu éclatant.

— *du Petit-Caporal,* fleur moyenne, pleine, imbriquée beau rose.

— *de Béranger,* fleur grande, pleine, beau rose tendre.

— *de lady Cardley,* fleur grande, pleine, rouge écarlate.

— *de l'Empire,* fleur moyenne, pleine, rouge rubis velouté.

— *de M. Poiteau,* fleur grande, pleine, bien faite, beau rose saumoné.

— *de la reine d'Angleterre,* fleur très-grande, beau rose vif.

— *de Leweson Gower,* fleur grande, pleine, rouge rubis clair.

— *de M. Rousseau (d'Angers),* fleur grande, rouge vif nuancé de carmin.

— *de Solférino,* fleur grande, pleine, rouge ponceau nuancé de noir.

— *de William Wood,* fleur grande, pleine, pourpre noir foncé.

— *des braves,* fleur grande, pleine, foncé nuancé ponceau.

— *du comte Cavour,* fleur grande, rouge cramoisi velouté vif.

— *d'une mère,* fleur grande, pleine, rose tendre, centre cerise vif.

— *du docteur Jamain,* fleur grande, pleine, imbriquée violet bleuâtre.

Souvenir du maréchal Serrurier, fleur grande, pleine, beau rose rouge vif.

— *de la reine des Belges,* fleur grande, pleine, rouge bordé carmin.

— *d'Adrien Hivet,* fleur grande, pleine, rouge cramoisi velouté nuancé de violet.

— *de François Ponsard,* fleur grande, pleine, globuleuse, beau rose tendre très-vif.

— *de Mme de Corval,* fleur moyenne, pleine, bien faite, rose aurore.

— *de M. Boll,* fleur grande, très-pleine, rouge cerise nuancé aurore.

— *de Ponsard (Liabaud),* fleur grande, pleine, rose métallique éclairé feu.

— *de Redouté,* fleur moyenne, pleine, rouge vermillon ombré d'écarlate.

— *du Champ-de-Mars,* fleur moyenne, pleine, rouge pourpre ombré de brun.

Sœur des Anges, fleur grande, pleine, carné très-tendre, très-jolie.

Stéphanie de Beauharnais, fleur grande, pleine, beau rose.

Télémaque, fleur moyenne, pleine, pourpre velouté nuancé de feu.

Thomas Rivers, fleur grande, pleine, rose vif.

Thérèse Reynaud, fleur moyenne, blanchâtre.

Thouin, fleur grande, pleine, bien faite, rose vif pur.

Théra Hammérich, fleur grande, pleine, rose carné très-tendre.

Triptolème, fleur moyenne, pleine, globuleuse, rouge écarlate très-vif.

Tournefort, fleur très-grande, pleine, rouge coquelicot.

Triomphe d'Alençon, fleur grande, pleine, beau rouge vif.

— *d'Amiens,* fleur grande, pleine, rouge vif, quelquefois strié de blanc.

— *d'Angers,* fleur moyenne, pleine, pourpre noirâtre nuancé de rouge.

— *de Bagatelle,* fleur grande, rose vif carminé.

— *des beaux-arts,* fleur grande, pleine, cramoisi velouté.

— *de Caen,* fleur grande, pleine, rouge velouté nuancé feu.

— *de Coutances,* fleur moyenne, pleine, rouge très-vif.

— *de l'Exposition,* fleur grande, très-pleine, rouge vif velouté éclatant.

Triomphe des Français, fleur grande, pleine, rouge vif nuancé de pourpre.

— *de Lyon*, fleur grande, pleine, rouge vif nuancé de pourpre.

— *de Montrouge*, fleur moyenne, pleine, écarlate vif.

— *de la terre des roses*, fleur grande, pleine, beau rose violacé.

— *de Nancy*, fleur grande, pleine, cramoisi velouté noir.

— *de Rouen*, fleur grande, pleine, rouge vif.

— *de Paris*, fleur grande, pleine, rouge foncé velouté.

— *de Soissons*, fleur grande, pleine, rose carné ombré de saumon.

— *de Villecresnes*, fleur grande, pleine, rouge clair très-vif.

Turenne, fleur moyenne, pleine, rouge éblouissant.

Valentine de Nerval, fleur moyenne, pleine, beau rose vif.

Vainqueur de Goliath, fleur grande, pleine, rouge vif.

— *de Solférino*, fleur grande, pleine, rouge foncé éclairé de rouge vif.

Vase d'élection, fleur moyenne, pleine, en coupe, rose clair.

Velouté d'Orléans, fleur grande, pleine, rouge velouté.

Wilhelm Pfitzer, fleur grande, pleine, rouge écarlate vif.

Velours pourpre, fleur grande, pleine, cramoisi vif illuminé d'écarlate et de violet.

Ville de Lyon, fleur très-grande, pleine, globuleuse, rose foncé.

Vicomte Vigier, fleur grande, pleine, rouge violacé vif.

Vicomtesse de Belleval, fleur moyenne, pleine, rose vif.

— *Douglas*, fleur grande, pleine, beau rose très-tendre.

— *Laure de Gironde*, fleur moyenne, pleine, rose vif tendre.

— *de Vesins*, fleur grande, très-pleine, bien faite, beau rose vif.

Victor Le Bihan, fleur grande, pleine, rose carminé vif.

— *Verdier*, fleur grande, pleine, beau rose vif nuancé de carmin.

Virginale, fleur moyenne, pleine, bien faite, blanc pur, *extra*.

Yolande d'Aragon, fleur grande, pleine, rose.

Xavier Olibo, fleur grande, pleine, noir velouté ombré amarante feu.

William Bull, fleur grande, pleine, globuleuse, rouge cerise vif.

William Paul, fleur grande, pleine, rouge cramoisi vif.

— *Rollisson*, fleur grande, pleine, globuleuse, rose cerise vif.

Vulcain, fleur grande, pleine, pourpre violet foncé vif.

Rosiers mousseux remontants.

Abel Carrière, fleur moyenne, pleine, rouge vif, centre violacé.

Alfred de Damas, fleur moyenne, pleine, beau rose tendre.

André Thouin, fleur presque pleine, rose ardoisé.

Alice Vibert, fleur moyenne, pleine, beau rose vif.

Bicolore, fleur moyenne, presque pleine, rose panaché de violet.

Césonie, fleur moyenne, pleine, rose carminé.

Clémence Robert, fleur moyenne, pleine, rose très-vif passant au lilas.

Circé, fleur grande, pleine, plate, rose tendre pointé blanc.

Delille, fleur moyenne, pleine, rouge vif.

Eugène de Savoie, fleur moyenne, pleine, rose tendre.

Eugénie Guinoiseau, fleur moyenne, pleine, cerise passant au violacé.

Général Drouot, fleur moyenne, presque pleine, pourpre.

Helmonde, fleur moyenne, pleine, rose incarnat.

Herman Kégel, fleur moyenne, pleine, cramoisi violacé.

Impératrice Eugénie, fleur moyenne, pleine, rose foncé.

James Veitch, fleur moyenne, pleine, ardoisé nuancé de violet.

John Fraser, fleur grande, pleine, rouge vif nuancé de carmin.

L'ombre, fleur moyenne, multiple, rouge pourpre ardoisé.

Ma Ponctuée, fleur moyenne, pleine, rouge ponctué de blanc.

Madame Bouton, fleur moyenne, rose foncé nuancé.

— *Édouard Ory*, fleur moyenne, pleine, bien faite, rose vif carminé.

— *Émile de Girardin*, fleur moyenne, pleine, rose tendre.

— *de Staël*, fleur moyenne, pleine, rose carné très-tendre.

— *Legrand*, fleur grande, pleine, rose vif carminé.

— *Platz*, fleur moyenne, pleine, rose très-vif passant au rose tendre.

— *Larivière*, fleur moyenne, pleine, rose.

Marie de Bourgogne, fleur moyenne, pleine, beau rose vif.

Michel Adanson, fleur moyenne, pleine, rouge vif.

Micaela, fleur moyenne, pleine, rose vif passant au rose tendre.

Marquis de Vaubrun, fleur moyenne, pleine, rose lilas ardoisé.

Oscar Leclerc, fleur moyenne, pleine, rose foncé ponctué de blanc.

Pompon perpétuel, fleur moyenne, pleine, rose.

Quatre-Saisons blanche, fleur moyenne, blanche.

Raphaël, fleur moyenne, pleine, rose carné tendre.

Salet, fleur grande, pleine, rose vif au centre, plus clair à la circonférence.

Validé, fleur moyenne, pleine, rose vif carminé.

Souvenir de Pierre Vibert, fleur très-grande, pleine, rouge très-foncé nuancé de carmin et de violet évêque.

Cent-Feuilles mousseux non remontants.

Aïxa, fleur moyenne, aplatie, rose tendre.

Adolphe Brongniart, fleur moyenne, pleine, imbriqué rose vif.

Alice Leroy, fleur grande, double, rose lilacé.

Alzina, fleur grande, pleine, globuleuse, rose vif passant au carné lilacé.

Angélique Quétier, fleur moyenne, pleine, rose tendre.

Angèle.

Aristide, fleur moyenne, pleine, pourpre nuancé.

Aristobule, fleur grande, pleine, rouge tendre.

Baron de Wassenaer, fleur moyenne, pleine, globuleuse, rouge vif lilacé.

Baroilhet, fleur moyenne, presque pleine, rouge violacé.

Belle Hortense, fleur moyenne, presque pleine, rouge pourpre.

Béranger, fleur grande, pleine, rose tendre.

Blanche, fleur moyenne, pleine, blanc pur.

Boursier de la Rivière, fleur grande, pleine, rouge foncé vif.

Capitaine Ingram, fleur moyenne, pleine, pourpre noir velouté.

Carné, fleur moyenne, pleine, carnée.

Clémence Beaugrand, fleur grande, demi-pleine, rose vif.

Catherine de Wurtemberg, fleur moyenne, pleine, rose.

Célina, fleur moyenne, pleine, rouge vif passant au violet.

Comtesse de Murinais, fleur grande, demi-pleine, blanche.

— *Doria,* fleur moyenne, cramoisi éclatant.

Danville, fleur grande, pleine, rose lilacé, centre carmin.

Darcet, fleur moyenne, pleine, rouge écarlate.

De Candolle, fleur grande, pleine, rose tendre, centre rose vif.

Denis Hélye, fleur grande, pleine, pourpre violacé.

De Fontenelle, fleur moyenne, presque pleine, rose foncé ponctué.

Diane de Castre, fleur grande, pleine, rouge et rose sur les bords.

Duchesse de Verneuil, fleur grande, pleine, carné tendre.

— *d'Abrantès,* fleur grande, pleine, rose carné.

— *D'Istrie,* fleur moyenne, pleine, rose vif.

Du Luxembourg, fleur moyenne, presque pleine, pourpre foncé.

Élisabeth Row, fleur moyenne, rose pâle ponctué de blanc.

Etna, fleur moyenne, multiple, rouge feu.

Félicité Bohain, fleur grande, rose tendre.

Frédéric, fleur grande, pleine, cramoisi pourpre.

Général Clerc, fleur moyenne, pleine, pourpre foncé.

— *Desjardin,* fleur moyenne, pleine, rose incarnat.

Georges Canning.

Gloire des Mousseuses, fleur grande, pleine, rose carné, centre rose.

Guillaume d'Orange, fleur grande, pleine, lilas clair.

Héloïse, fleur moyenne, pleine, rose cerise, bombée.

Jean Bodin, fleur moyenne, pleine, rose, forme globuleuse.

Jeanne Hachette, fleur moyenne, pleine, rose foncé ardoisé, ponctué de blanc.

— *de Montfort,* fleur grande, pleine, carnée.

Jenny Lind, fleur petite, pleine, rose.

Julie de Mersan, fleur moyenne, pleine, rose foncé strié blanc.

John Cranston, fleur moyenne, pourpre foncé.

— *Grou,* fleur grande, pleine, cramoisi velouté.

Lane, fleur grande, pleine, bien faite, rouge vif.

Latone, fleur grande, pleine, rose tendre légèrement carné.

L'Obscurité, fleur grande, presque pleine, pourpre velouté foncé.

L'Éblouissante, fleur grande, presque pleine, rouge feu.

Louise Verger, fleur moyenne, pleine, beau rose vif.

Madame de Laroche-Lambert, fleur grande, pleine, amarante.

Madame Ugalde, fleur moyenne, rose tendre.

— *Hoche,* fleur moyenne, pleine, blanc rosé passant au blanc pur.

Mademoiselle Rosa Bonheur, fleur grande, pleine, rose.

Marie de Blois, fleur grande, pleine, rose clair lilacé.

Malvina, fleur moyenne, pleine, carnée.

Mélanie Pautin, fleur moyenne, pleine, rose foncé.

Novatella, fleur grande, pleine, carné tendre.

Nuits d'Young, fleur moyenne, pleine, pourpre noir.

Ordinaire, fleur grande, pleine, rose.

Panachée, fleur moyenne, pleine, panaché carmin.

Panaget, fleur moyenne, pleine, pourpre strié de rouge.

Parmentier, fleur grande, presque pleine, rose.

Pélisson, fleur moyenne, pleine, rose foncé.

Palludia, fleur grande, pleine, rose satiné.

Pompon d'Angers, fleur petite, presque pleine, rouge foncé.

Pourpre du Luxembourg, fleur moyenne, pleine, pourpre violacé.

Précoce, fleur moyenne, pleine, rouge clair.

Princesse Alice, fleur moyenne, pleine, carné tendre.

— *Adélaïde,* fleur grande, pleine, carnée.

— *Royale,* fleur moyenne, pleine, carné rose.

Purpurea rubra, fleur moyenne, pleine, pourpre rouge.

Reine Blanche, fleur grande, pleine, blanc pur.

Sœur Marthe, fleur grande, pleine, rose, à centre plus foncé.

Sans sépales, fleur petite, pleine, carné rose.

Unique de Provence, fleur moyenne, pleine, blanc pur.

Unique blanche, fleur moyenne, pleine, blanc pur.

Vandaël, fleur moyenne, pleine, lilas foncé.

Vauquelin, fleur moyenne, double, pourpre violet foncé.

Van Siébold, fleur moyenne, pleine, rose clair strié de blanc.

William Lobb, fleur moyenne, carmin nuancé violet bleuâtre.

Zaïre, fleur moyenne, presque pleine, rose, mousseuse partout.

Rosiers Cent-Feuilles.

A feuilles de céleri, fleur grande, pleine, rose vif.
A feuilles de laitue, fleur grande, pleine, rose vif.
Cristata, fleur grande, pleine, rose vif.
Ordinaire, fleur grande, pleine, rose vif.
Petite Hollande, fleur petite, pleine, rose.
Pompon de Bourgogne, fleur très-petite, pleine, rose.
Unique blanche, fleur grande, pleine, blanc pur.
— *panachée,* fleur grande, pleine, panaché rose vif.

Rosiers Damas non remontants.

Belle villageoise, fleur grande, pleine, rose vif rubané blanc.
Camayeux, fleur moyenne, pleine, rouge violacé strié blanc.
Georges Vibert, fleur moyenne, pleine, rose vif panaché de blanc.
Madame Hardy, fleur grande, pleine, blanc pur.
Œillet parfait, fleur moyenne, panachée de rose.
Œillet flamand, fleur moyenne, blanc panaché de rose.
Perle des panachés, fleur moyenne, pleine, blanc et violet.
Tricolore de Flandre, fleur moyenne, pleine, blanc et lilas.

Rosiers Lawrence.

De Chartres, très-multiflore, rose.
Gloire des Lawrences, rose vif.
La Désirée, rose.
Multiflore.
Pompon ancien, rose.
Pompon bijou, rose clair.
Blanc, blanc.
Pumila, blanc.

NOUVEAUTÉS

(1871-1872).

Rosiers thés.

Bianqui, fleur grande, pleine, blanc pur.

Comtesse de Nadaillac, fleur grande, pleine, superbe, rose clair, très-vif, à fond jaune cuivré abricoté.

Nankin, fleur grande, pleine, jaune cuivré, centre plus clair.

Comte de Taverna, fleur grande, pleine, jaune, à centre plus clair, extra-belle.

Madame Jules Margottin, fleur grande, pleine, rose tendre, onglets jaunes à centre rouge très-foncé, très-belle.

Mademoiselle Cécile Berthod, fleur grande, pleine, en coupe, beau jaune soufre éclatant.

— *Marie Van Houtte*, fleur grande, pleine, blanc jaunâtre, bord des pétales liserés de rose vif, très-belle. *Extra*.

Perfection de Montplaisir, fleur moyenne, pleine, beau jaune canaris, très-jolie. *Extra*.

Souvenir de Paul Neyron, fleur grande, beau jaune saumon bordé de rose, très-belle. *Extra*.

Henri Bennett, fleur moyenne, pleine et bien faite, beau rose clair à centre jaune soufre foncé, plante de premier ordre, issue d'Ophirie.

François Janin, fleur grande, pleine, bien faite, beau jaune orange, quelquefois cuivré.

— *Jutté*, fleur grande, pleine et bien faite, beau jaune grenade.

Mademoiselle Marie Arnaud, fleur grande, pleine, beau jaune canaris passant au blanc. *Extra*.

Marcellin Moda, fleur grande, pleine, bien faite, blanc à fond jaune.

Perle de Lyon, fleur grande, pleine, bien faite, jaune foncé parfois abricoté.

Rosiers noisettes.

Bouquet d'or, fleur grande, pleine, bien faite, jaune foncé, centre cuivré.

Caroline Kuster, fleur grande, pleine, globuleuse, beau jaune orangé. *Extra*.

Earl-of-Eldon (Coppin), fleur grande, jaune orangé, très-recommandée.

Unique jaune, fleur moyenne, jaune cuivré nuancé de vermillon, issue d'Ophirie.

Rosiers hybrides remontants.

André Dunand (Schwartz), fleur grande, pleine, rose tendre frais, pourtour des pétales argenté.

Auguste Agotard (Schwartz), fleur grande, pleine, bien faite, rouge cerise reflété de blanc.

Baron Bonsteinten (Liabaud), fleur grande, pleine, rouge cramoisi nuancé feu et noirâtre.

Coquette des blanches (Lacharme), fleur grande, pleine, blanc légèrement rosé.

Climbing Victor Verdier (Paul Andson), beau rose vif, grimpant. *Extra*.

Docteur Lemée (Trouvais), fleur grande, pleine, bien faite, rouge pourpre légèrement ombré de noir.

Etienne Levet (Levet), fleur grande, pleine, bien faite, beau rouge carmin. *Extra*.

François Michelon (Levet), fleur grande, pleine, beau rose foncé, argentée au revers des pétales.

Golfe Juan, fleur moyenne ou grande, beau rose vif, très-belle.

Lyonnais (Lacharme), fleur grande, pleine, belle forme, rose tendre. *Extra*.

Madame Bellon (Pernet), fleur grande, pleine, beau rose tendre.

— *de Ridder*, fleur grande, pleine, beau rouge vif amarante.

— *Georges Schwartz* (Schwartz), fleur grande, pleine, bien faite, beau rose hortensia vif passant au rose glacé.

Madame Hippolyte Jamain (Garçon), fleur grande, pleine, bien faite, blanc légèrement glacé. *Extra.*

— *Poignant* (Pradel), fleur grande, pleine, rose vif carminé.

— *Scipion Cochet* (Cochet), fleur grande, pleine, beau rose vif.

Monsieur Cordier (Gonod), fleur grande, pleine, beau rouge éclatant.

Princesse Béatrix (W. Paul), fleur moyenne, pleine, rose tendre. *Extra.*

Prince of Walles (Paul Andson), fleur grande, pleine, rose, très-belle.

Richard Wallace (Lévêque et fils), fleur grande, pleine, très-bien faite, rose très-vif, le bout des pétales légèrement liseré de blanc, très-belle.

Souvenir du docteur Daviers (Moreau), fleur grande, pleine, globuleuse, rouge foncé velouté.

— *du général Douai* (Pernet), fleur presque pleine, beau rose vif.

Victor Verne (Damaisin), fleur grande, pleine, rouge groseille, plante de grand effet.

Virgile (Guillot), fleur grande, pleine, bien faite, rose chair saumoné.

Claude Levet, fleur grande, pleine, bien faite, superbe, rouge groseille velouté.

Duhamel du Monceau, fleur grande, pleine, rouge vif brillant, nuancé violet bleuâtre,

John Laing, fleur moyenne, cramoisi foncé vif, éblouissant et velouté, de grand effet.

Mac-Mahon, fleur grande, très-pleine, rose foncé, très-jolie.

Madame Lacharme, fleur très-grande, pleine, blanche, centre ombré de rose en ouvrant, très-belle. *Extra.*

— *Louis Paillet,* fleur très-grande, pleine, rose tendre très-clair, centre plus vif.

— *Marius Cote,* fleur très-grande, pleine, en coupe, rouge clair passant au rose foncé.

— *Prudhomme,* fleur très-grande, rouge cerise vif, centre rouge feu, issue de Baronne. *Extra.*

Mademoiselle Julie Perreard, fleur grande, pleine, beau rose vif.

— *Marie Cointet,* fleur grande, pleine, imbriquée, rose vif passant au rose tendre satiné, blanchâtre, variété très-élégante.

Mistress Laing, fleur moyenne, pleine, bien faite, très-odorante, rose carminé vif, revers des pétales blanchâtre.

Mistress Veitch, fleur grande, pleine, bien faite, beau rose vif uni, très-belle sorte. *Extra*.

Pierre Seletzsky, fleur grande, pleine, superbe, rouge pourpre foncé, reflets ardoisés.

Souvenir de John Gould (Veitch), fleur grande, pleine, cramoisi vif nuancé de pourpre violet foncé.

— *de Romain Després*, fleur grande, pleine, rose carné ardoisé, centre plus vif.

Rosier moussu non remontant.

Eugène Verdier, fleur très-grande, pleine, beau rouge cramoisi, centre plus vif.

Rosier mycrophylla non remontant.

Ma surprise, fleur grande, très-bien faite, blanche, à centre rose pêche strié blanc, nuancé de saumon, odeur de Thé Superbe.

Rosier Provins.

Belle des jardins, fleur grande ou moyenne, rouge pourpre violeté carminé très-vif, strié et panaché de blanc pur. *Extra*.

ROSIERS SARMENTEUX.

EMPLOI DES ROSIERS SARMENTEUX.

Ces Rosiers, sarmenteux de leur nature, demandent des supports et conviennent très-bien pour garnir les murs, les treillages des tonnelles, et à former près des habitations des rideaux de verdure émaillée de fleurs, en mai et juin ; on peut aussi en former des colonnes de fleurs, en garnissant le pied des arbres isolés. Placés sur les gazons, dans la série des *Sempervirens*, lorsque nos hivers sont peu rigoureux, la plupart conservent leurs feuilles pendant cette saison.

Ceux de la 2e et de la 3e série fatiguent lorsque le thermomètre descend à 10 degrés au-dessous de zéro ; ils demandent donc à être placés à bonne exposition et à être abrités pendant l'hiver, comme je l'ai conseillé.

Avec ceux de la 1re et de la 4e série, on pourrait établir de très-jolies bordures de 60 centimètres de large, couvertes de fleurs pendant le printemps, en étalant leurs rameaux et en les maintenant par des crochets de bois, comme on le pratique pour les Lierres. Nous conseillons de planter ces Rosiers sur les rochers, où ils produisent un effet très-agreste, en laissant ramper leurs rameaux. Les variétés les plus rustiques à employer sont : *Beauté des prairies, Belle de Baltimore, Félicité Perpétue, Princesse Marie*, etc. On a soin de baisser au fur et à mesure les bourgeons qui se développent sur le pied, et de pincer rigoureusement à 10 centimètres du point de leur naissance tous ceux qui poussent sur les branches qui sont fixées à terre. On peut encore tirer un bon parti de ces Rosiers, en dirigeant leurs branches sur des courbes de fil de fer galvanisé, partant d'arbre en arbre en forme de guirlandes ; la végétation de ces Rosiers se prête admirablement à cette destination.

Indépendamment des variétés décrites ci-dessus, nous avons observé de fort beaux tapis de fleurs adossés contre des bâtiments avec les variétés de bengales ordinaires, et surtout les bengales Louis-Philippe, dont la fleur d'un cramoisi pourpre prend un très-grand développement.

A côté de mon jardin, il existe un pied du Rosier Malton, qui couvre la façade d'une maison, à une élévation de 8 mètres, et produit un effet éblouissant lors de la floraison.

Nomenclature des Rosiers sarmenteux.

1ʳᵉ Série. — ROSIERS SEMPERVIRENS (toujours vert), fleurs en corymbes.

Dona Maria, blanc pur.
Félicité Perpétue, fleur moyenne, blanc carné.
Flore, fleur pleine, rose passant au carné tendre.
Princesse Louise, fleur moyenne, blanche.
— *Marie,* fleur moyenne, rose tendre.
Mutabilis, rose clair.

2ᵉ Série. — ROSIERS MULTIFLORES, rameaux sarmenteux, fleurs en corymbes, ne fleurissant qu'une fois par an.

A fleurs blanches, fleur petite, blanche.
De la Grifferaie, fleur moyenne, pourpre carmine.
Laure Davoust, fleur petite, pleine, carné vif.
Tricolore, fleur moyenne, pleine, rose liseré blanc.
Graulhie, fleur moyenne, blanche.

3e *Série*. — Rosiers Banks, fleurs en corymbes.

A fleurs blanches, fleur petite, pleine, blanche.
A fleurs jaunes, fleur petite, jaune.
A fleurs de seringat, fleur petite, simple, blanche.
Jaune à grandes fleurs, fleur pleine, jaune.
De Fortune, fleur moyenne, blanche.

4e *Série*. — A feuilles de ronce, fleurs en corymbes.

Beauté des prairies, fleur moyenne, pleine, rose violacé.
Belle de Baltimore, fleur moyenne, blanc carné.

5e *Série*. — Ayrshires.

A fleurs doubles, fleur moyenne, pleine, carnée.
Millers Climbing, fleur moyenne, rose nuancé.
Myrtle scented, fleur moyenne, double blanche.
Reine des Belges, fleur moyenne, blanc jaunâtre.
Splendens, fleur moyenne, blanc rosé.
Toresbiania, fleur moyenne, blanc pur.
Michigan, fleur petite, rose tendre.
Éva Corinne, fleur moyenne, rouge clair.
Superba, fleur moyenne, pleine, rose pâle.
Prairie Queen, fleur petite, blanc rosé.
Miledgewili, fleur moyenne, carminée.

6e *Série*. — Rosiers des Alpes.

Calypso, fleur moyenne, pleine, carné tendre.
Gracilis, fleur moyenne, pleine, rose vif.
Boursault.

7e *Série*. — ROSIERS MUSCADES, rameaux sarmenteux.

Double ancien, fleur moyenne, blanche, odorante.

8e *Série*. — ROSIERS A PETITES FEUILLES (ou microphylles).

Pourpre du Luxembourg, fleur moyenne, pourpre.
Pourpre ancien, fleur pleine, rouge pâle strié.
Triomphe de Macheteau, fleur moyenne, blanc rosé.
Hybride du Luxembourg, fleur simple, jaune, à onglet pourpre.
Triomphe de la Guillotière, fleur grande, pleine, rose clair.

9e *Série*. — ROSIERS A BRACTÉES.

A fleurs pleines, fleur grande, blanc pur.
Maria-Léonida, fleur grande, blanc rosé au centre.

10e *Série*. — ROSIERS CAPUCINES.

Jaune ancien, fleur simple, jaune orangé.
Ancien jaune, fleur grande, double, jaune foncé.
Persian Yellow, fleur moyenne, beau jaune d'or.

11e *Série*. — PIMPRENELLES.

Stanwell, fleur grande, pleine, carnée, remontante.
Souvenir de Henry Clay, fleur moyenne, beau rose clair.

CHAPITRE VI.

INSECTES NUISIBLES, INSECTES UTILES ET PLANTES NUISIBLES AU ROSIER.

———

Du puceron vert. — Nouvelles recherches sur ses mœurs. — Le puceron vert est bien connu des horticulteurs et des amateurs par les dégâts qu'il cause pendant le cours de la végétation, et chacun est à la recherche d'un moyen de le détruire. La voie la plus sûre pour atteindre ce but est l'étude des mœurs de l'animal : savoir quand il fait son apparition, comment il se reproduit et où il passe l'hiver.

Nous consignons ici le résultat de nos observations, et nous donnons d'abord la description de la femelle du puceron.

Le corps, couleur vert tendre en été, vert brun en hiver, long de 3 millimètres, de forme ovoïde, renflé à la partie postérieure ; tête noire, deux petits yeux noirs à peine visibles ; trompe, ou suçoir noir formé de trois pièces ; deux antennes ou palpes noires recourbées sur le dos quand l'animal est au repos, redressées quand il marche ; corselet noir ; trois paires de pattes noires aux articulations et maculées de trois points noirs ; les pattes les plus longues insérées à la base de la poitrine ; de chaque côté de l'abdomen, à la partie latérale supérieure, une cornicule noire sécrétant une matière gommeuse qui s'écoule sous forme de globules transparents ou de petites massues ; près de l'anus un appendice vert ; quatre ailes, dont deux très-petites ; les deux autres, une fois plus longues que le corps de l'insecte, sont relevées sur le dos et insérées sur le côté du mamelon qui forme le corselet.

Ce sont ces pucerons ailés qui produisent la première génération du printemps ; on les voit arriver au réveil de la nature et se poser sur les pétioles ou sur les bourgeons. Là, ils déposent, non des œufs, comme on l'a dit, mais des petits pucerons vivants. L'accouchement dure de trois à quatre minutes ; la femelle relève le ventre, fait des mouvements oscillatoires de droite à gauche, et on voit le petit puceron sortir, la partie postérieure la première ; quand il n'y a plus que la tête d'engagée, la mère cesse ses mouvements, abaisse le ventre et dépose sur le bourgeon le nouveau-né, qui marche aussitôt et va s'abriter sous le ventre de sa mère. La femelle dépose environ dix petits au même endroit, puis elle s'envole et va ailleurs placer une nouvelle famille, et ainsi de suite jusqu'à ce qu'elle meure épuisée par sa procréation.

Une femelle que j'avais déposée à part sur un bourgeon a fait six petits en deux heures, ce qui représenterait une production de soixante-douze en vingt-quatre heures.

Les petits pucerons naissent fécondés, et ils produisent au bout de quinze jours, après la première mue. Cette phase se reconnaît à la torpeur de l'insecte et à la matière farineuse dont il paraît s'envelopper ; bientôt la peau se fend sur la tête, et l'animal sort de son enveloppe après des efforts répétés. La vieille peau, qui conserve les formes primitives, reste adhérente aux feuilles.

C'est après la troisième mue qu'on peut reconnaître les femelles avec tous les caractères décrits plus haut.

Les ailes se développent du soixante-dixième au soixante-quinzième jour ; avant cette époque, on peut les reconnaître à la partie supérieure de la poitrine, sous forme de petites vésicules transparentes tombant sur les côtés. Les membranes qui constituent les ailes sont reployées sur elles-mêmes, et la partie inférieure est recourbée vers la tête de l'insecte.

Une fois les ailes développées, le puceron a accompli toutes ses phases ; il prend son vol pour aller disperser sa famille.

Nous n'avons jamais trouvé d'œufs sur le Rosier; mais bien souvent dans les hivers doux, comme en 1861, comme aujourd'hui 7 janvier 1869, nous avons vu sur les feuilles de Rosiers qui ont persisté des pucerons passant l'hiver sur ces feuilles. Un fait analogue avait été noté par nous, en 1861, sur des bourgeons d'Amandier et de Pêcher exposés au midi. Nous pensons donc que le puceron ailé tombe avec la feuille morte, passe l'hiver au pied de l'arbre, abrité par cette feuille, et reparaît au printemps. Ce que les naturalistes ont pris pour des œufs de pucerons n'est autre chose que des pucerons de la dernière portée, qui revêtent pour passer l'hiver une sorte de peau dure et noirâtre. Dans notre conviction le puceron est exclusivement vivipare.

Il faut donc surveiller l'apparition des premières mères au printemps, les combattre par tous les moyens connus, et surtout par les fumigations de tabac. Qu'on se persuade que la destruction d'une femelle au printemps correspond à la non apparition de plusieurs milliers d'insectes dans l'année.

L'homme a d'ailleurs d'ardents auxiliaires pour cette œuvre de destruction.

Les fourmis, très-friandes du suc sécrété par les pucerons, les recherchent partout, sucent le suc jusqu'à la mort de l'insecte. Quand on voit une seule fourmi sur un Rosier, on peut être sûr qu'il y a du puceron vert.

La larve de l'hémérobe fait aussi un grand carnage de pucerons; mais leur plus terrible ennemi est un petit ichneumon presque microscopique, qui voltige autour des Rosiers, recherche le puceron, se précipite sur lui et le pique à la base de l'abdomen en déposant un œuf dans son corps. Le puceron piqué s'isole immédiatement du groupe; il se fixe par le suçoir sur une feuille ou sur un bourgeon, et reste là immobile, passant du vert au rose, et du rose à la couleur bronze. Quand meurt-il? nous ne le savons au juste; mais au bout de trente jours on voit ce qui restait de notre puceron s'ouvrir, et un petit ichneumon s'envole, après avoir subi sa transformation dans le corps du puceron, où il a trouvé, étant larve, nourriture et abri protecteur.

Pendant l'hiver 1868-69, nous avons observé la force vitale des pucerons sur des bourgeons de Rosiers. Dans la nuit du 30 janvier 1869, des pucerons ont résisté à un froid de huit degrés. Les bourgeons étaient gelés ; mais nous avons trouvé les insectes parfaitement vivants. Les vieux avaient conservé leur couleur verte ; quant aux petits, ils étaient cuivrés.

Ce fait vient à l'appui d'autres observations qui prouvent que nos hivers n'ont pas grande influence sur la destruction des insectes en général.

Destruction du puceron vert. — Le puceron vert étant par le fait l'hôte le plus incommode pour le Rosier, on a multiplié les moyens de destruction ; nous croyons que le plus efficace est la fumigation de tabac, pratiquée comme nous allons le dire.

On monte une sorte de crinoline en toile gommée ou en calicot huilé, sur quatre cerceaux de fil de fer, dont le premier, placé en bas, a 1 mètre de diamètre, les trois autres allant en diminuant progressivement ; les cerceaux sont maintenus par cinq baguettes réunies à la partie supérieure de l'appareil qui prend la forme d'une cloche. Sur le plus grand cerceau on monte une seconde chemise en toile ou calicot, dont la partie inférieure doit s'attacher à la tige du Rosier, et entre deux lais on ménage une petite ouverture pour faire pénétrer la fumée de tabac.

Pour opérer, on réunit toutes les branches du Rosier, et on les maintient avec un ou plusieurs liens ; on coiffe la tête de l'arbuste avec la crinoline, et on attache le bas de la chemise contre la tige. L'appareil est soutenu par une sorte de petite bigne formée de trois lattes ou par une potence. On fait ensuite arriver par l'ouverture réservée la fumée de tabac, qui doit être amenée par un tube de 50 centimètres ajusté au soufflet fumigateur; ce tube a pour objet de refroidir la fumée, qui autrement nuirait à la plante. A défaut de fumigateur, on emploie un pot à fleur, dans lequel on met de la cendre, puis de la braise allumée, et par-dessus du tabac légèrement humide. On recouvre le tout avec une sorte d'entonnoir dont le petit bout, long de 1 mètre, est recourbé sur la base.

Le Rosier doit rester cinq à six minutes sous le ballon-crinoline.

Cette méthode, très-bonne pour les Rosiers-tiges ou demi-tiges, isolés, devient impraticable quand il s'agit de Rosiers nains plantés en corbeille. Dans ce cas, on place sur la corbeille une bâche ou des draps mouillés, soutenus par des demi-cerceaux en bois, qui suivent la forme de la corbeille; on calfeutre de son mieux la bâche sur le pourtour, et on introduit la fumée pendant dix minutes.

Ces deux modes d'opération ont été essayés par nous en 1850; le succès est toujours certain à la condition d'employer la fumée froide.

Dans tous les cas, comme quelques pucerons échappés à la destruction suffiraient pour annuler l'effet de la fumigation, il sera bon d'engluer la tige des Rosiers, si elle ne l'a déjà été pour le kermès. Tous les matins on frappe légèrement contre la tige avec une canne ou un bâton. Les pucerons tombent à terre, où ils meurent de faim; ceux qui veulent remonter se prennent dans l'engluage.

Indépendamment du procédé que nous venons de faire connaître pour asphyxier les pucerons, nous donnons la préférence au disque ou plateau de zinc, qui, d'après notre appréciation, présente beaucoup plus de simplicité et surtout de rapidité pour la destruction de ces insectes.

Le disque représenté par la figure 28 mesure 60 centimètres de diamètre; une ouverture de 3 centimètres de large partage la moitié de son diamètre et sert à passer la tige des

Rosiers ; le rayon du disque est maintenu par un fil de fer de

Fig. 28. — Épuceronnière pour rosiers.

4 millimètres de diamètre, sur lequel est rabattu le bord du
disque en zinc ; ce fil de fer donne beaucoup de raideur au

disque. Au revers de ce disque se trouve adaptée, au moyen de petits clous, une traverse en bois de chêne ou de sapin, bifurquée suivant la rainure du zinc, près des bords de laquelle elle vient s'arrêter, laissant dépasser un mancheron B de 16 centimètres, qui sert à tenir le disque.

Cette traverse en bois mince mesure 76 centimètres de longueur sur 9 de large.

Ce disque établi, on enduit la surface plane avec du goudron de gaz ou de la glu marine, au moyen d'un pinceau; puis, le tenant de la main gauche, on introduit la tige du Rosier dans la rainure, et de la main droite on frappe à petits coups redoublés contre la tige du Rosier, avec un petit bâton garni de bandes de toile, pour ne pas blesser l'écorce; de cette manière les pucerons tombent sur la glu, se collent de façon à ne pouvoir plus se mouvoir, et périssent. Passant en revue tous les Rosiers, on détruit en peu de temps des quantités considérables de ces insectes. Mais comme les petits pucerons restent adhérents au bourgeon, il faut recommencer au bout de quelques jours une nouvelle opération jusqu'à la destruction complète.

Dans le cas où l'on aurait de la difficulté à se procurer du goudron, nous pensons être agréable en faisant connaître la glu que nous composons pour notre usage. Faites fondre dans une casserole 250 grammes de poix blanche de Bourgogne, en remuant avec une spatule en bois ; dès que la poix est fondue, ajoutez 200 grammes d'huile à brûler, et remuez de nouveau afin d'opérer le mélange, puis retirez-le du feu. Cette composition reste liquide; elle remplace avantageusement le goudron et coûte fort peu.

Je dois faire observer que chaque fois qu'on visite les Rosiers il faut enduire de nouveau la surface du disque.

Fausses chenilles (ordre des lépidoptères) *qui attaquent le Rosier.* — Ces fausses chenilles sont les larves de petits pa-

9.

pillons de nuit, appelés noctuelles, teignes ou tinéides, qui se tiennent pendant le jour cachés à la base des tiges ou des rameaux ; leur couleur grise, qui se confond avec celle de l'arbuste, empêche de les apercevoir.

Nous avons trouvé trois variétés de ces chenilles.

La première variété est une chenille verte, longue de 13 millimètres sur 2 de diamètre ; tête verte sans apparence d'yeux, garnie de quelques poils blonds ; quatre lignes longitudinales, blanches, coupées par dix lignes annulaires, de couleur sanguine ; six pattes blanches transparentes, quatre fausses pattes, dont deux à la base de l'abdomen lui servent à marcher, à la manière des chenilles arpenteuses. Cette variété se tient dans les plissures des feuilles de Rosiers, dont elle se nourrit ; lorsqu'elle se laisse glisser à terre, elle est suspendue à une petite soie.

La deuxième variété vit sur la Rose Cent-Feuilles ; elle a 20 millimètres de long sur 2 de diamètre ; corps vert foncé sur le dos, blanc mat sous le ventre ; tête sphérique jaune, deux yeux noirs ; six pattes rousses, sept paires de fausses pattes mamelonnées.

La troisième variété est longue de 15 millimètres sur 3 de diamètre ; tête allongée, jaune, corps brun nacré, avec une bande noire sur le premier anneau ; neuf anneaux marqués chacun de huit points noirs ; six pattes noires, quatre paires de fausses pattes. Cette larve fait de grands ravages sur les Rosiers hybrides ; elle groupe les folioles qu'elle enlace par des fils soyeux, se tient cachée dans leurs plis, y subit une mue et se laisse glisser à terre pour s'y transformer en chrysalide.

Ces trois variétés, renfermées le 10 mai dans des flacons et nourries de feuilles, se sont transformées du 25 au 30 en petites chrysalides ovales, d'où sont sortis de petits papillons variés de teintes, mais dont le caractère général est gris foncé avec macules sur les ailes.

Pour détruire les teignes, tinéides ou noctuelles, on place à terre au pied des Rosiers de petites terrines vernissées ou des flacons à large orifice remplis au tiers d'eau miellée. Les papillons qui ont alors peu de fleurs à leur disposition, et qui sont très-friands de sucre, se précipitent dans les terrines et s'y noient.

Par les nuits calmes de printemps, on peut détruire bon nombre de papillons en plaçant au milieu d'une terrine d'eau une bougie allumée. Les noctuelles, attirées par la lumière, tombent dans la terrine et s'y noient.

De la mouche rousse, tendredo Rosæ, selandria excavator (Guérin), *de l'ordre des hyménoptères.* — Depuis bien des années, l'on s'est occupé de rechercher quel était l'insecte qui produisait la larve qui au printemps perfore les jeunes bourgeons des Rosiers.

Cette mouche, que nous observons attentivement depuis de longues années, commence à paraître dans les premiers jours d'avril ; elle mesure 6 milimètres de longueur sur 1 de diamètre ; elle a le corps noir, ainsi que la tête, qui porte deux yeux de même couleur et deux antennes articulées, divergeant de droite à gauche, poitrine noire au sommet de laquelle sont insérées la première paire de pattes, et les deux autres paires insérées à la base, près la naissance du ventre ; les six pattes sont noires au sommet des cuisses et blanches sur les autres parties. Enfin chaque patte porte huit articles ; quatre ailes dont les deux plus courtes sont à nervures brunes ; les deux latérales présentent la forme d'un balancier ; au temps du repos, ces ailes sont repliées les unes sur les autres, et dépassent légèrement la longueur du corps ; ce dernier est effilé et de forme ovalaire à la base de l'abdomen chez les mâles, et terminé en pointe chez les femelles.

Les femelles, au moment de la ponte, cherchent une place sur le jeune bourgeon, le plus souvent dans l'aisselle de la deuxième feuille du sommet. Là elle dépose un œuf, rarement deux ; l'œuf donne naissance à une larve qui perfore l'épiderme du jeune bourgeon, et se nourrit du tissu utriculaire.

Cette larve a 12 millimètres de longueur sur 1 millimètre et demi de diamètre ; sa couleur est d'un blanc de crême, avec une ligne foncée sur le dos, la tête de forme sphérique de couleur paille, trois paires de pattes blanches, neuf mamelons de chaque côté qui font paraître le corps ridé. Au terme de sa croissance la larve perce un trou dans l'épiderme du bourgeon, glisse à terre au moyen d'un fil qu'elle sécrète, pénètre en terre, ou elle subit sa métamorphose.

D'après ces observations qui nous sont personnelles, nous conseillons de faire la chasse à ces mouches, le matin, où elles se laissent prendre facilement, et pendant le milieu du jour, au moyen de petits filets de naturalistes. Quant aux larves, il faut s'empresser de couper les bourgeons dont les sommets sont fanés, de manière à détruire ces larves, pour les écraser ensuite ou les brûler. Cette chasse doit se faire dans les premiers jours d'avril et se continuer jusqu'en mai, époque où l'épiderme des bourgeons a pris assez de consistance pour résister aux atteintes des larves, qui du reste ne causent des dégâts que pendant la première saison du printemps.

Kermès ou cochenille du Rosier (de l'ordre des hémiptères). — Le kermès, vulgairement connu sous le nom de punaise, est un insecte dont la coque oblongue, membraneuse, de couleur brune pointée de noir et de fauve, a une protubérance faisant saillie au centre. Sous le ventre, on remarque une partie charnue plissée latéralement, avec une rainure au milieu. C'est là, croyons-nous, le dépôt de la matière qui rougit les doigts lorsqu'on écrase l'insecte.

Les kermès se groupent sur la tige et sur les branches du Rosier, se nourrissant de la séve qu'ils aspirent par un suçoir qu'ils implantent dans l'écorce.

La ponte a lieu en avril et mai. A ce moment on voit les coques se gonfler en proportion du nombre d'œufs que la femelle porte sous le ventre, nombre qui peut monter jusqu'à 200 et 300. Ces œufs sont longs d'un millimètre, ovoïdes et de couleur rosée. En même temps la femelle sécrète un tissu soyeux dont elle enveloppe les œufs, ce qui les fait adhérer soit au corps de la mère, soit aux branches.

Nous avons remarqué une deuxième ponte au mois d'août, dans les années chaudes.

Après la ponte, la femelle meurt sur place.

L'éclosion des œufs a lieu au bout de trente jours; les jeunes kermès se répandent aussitôt sur les bourgeons, pour y chercher leur nourriture.

Le kermès, comme le puceron, attire la fourmi, qui se nourrit des excréments de ces punaises.

Pour détruire les kermès, on fait fondre dans un poêlon 500 grammes de poix, et on y ajoute 250 grammes d'huile commune; on obtient une sorte de glu que l'on applique tiède et au pinceau sur toutes les parties du Rosier. Cet engluage, dont l'effet peut durer un an, asphyxie les punaises et empêche la migration des autres insectes. Nous pouvons garantir l'efficacité de ce procédé au point de vue de la destruction des insectes, et en même temps rassurer ceux qui craindraient que cet engluage, en obstruant les pores des branches, ne nuisît à la végétation. Tous nos arbres englués, Pêchers, Pommiers, Poiriers, ont eu une recrudescence de végétation.

Fourmi des jardins (de l'ordre des hyménoptères).— Les fourmis nuisent aux Rosiers, soit en faisant leur fourmilière au pied de la plante, soit en allant et venant constamment sur les branches et les jeunes pousses. Leur présence indique celle du puceron vert ou du kermès; en combattant ces deux insectes, on détruira aussi la fourmi; cependant on peut attaquer cette dernière directement.

Si on place dans les branches du Rosier de petites fioles à demi remplies d'eau miellée, on verra les fourmis, attirées par l'eau sucrée, se noyer dans les fioles.

Pour détruire une fourmilière placée au pied d'un Rosier, on remue la terre et on la saupoudre avec de la fleur de soufre.

Si la fourmilière est éloignée des plantès, on la découvre, on place au centre de petits cornets de papier remplis de fleur de soufre, on les enflamme, et lorsque les cornets sont à demi-consumés, on recouvre avec la terre. L'acide sulfureux pénètre la terre, les fourmis sont asphyxiées, et celles qui étaient au dehors ne peuvent rentrer pour enlever les larves.

On peut encore détruire une fourmilière en l'arrosant à l'eau bouillante.

La mouche à scie du Rosier. — L'hylotome, ou mouche à scie du Rosier (*Hylotoma Rosœ*), est un insecte que les cultivateurs de Rosiers connaissent bien, par les dégâts qu'il cause aux bourgeons. Les caractères de cette mouche sont : une tête jaune en forme de quadrilatère allongé, des yeux brillants, blanchâtres ; des antennes en massue, unies, sans articulations ; quatre ailes à membranes transparentes, avec des nervures plus épaisses ; les deux ailes supérieures rapprochées de la tête, et les deux inférieures un peu plus bas ; thorax noir ; six pattes marquées de cercles noirs ; un ventre ou abdomen jaune orangé, composé de neuf anneaux ; l'extrémité inférieure fendue en dessous et laissant passage à la scie. Cette scie, de nature cornée, est méplate dans le sens longitudinal de la mouche ; elle mesure 10 millimètres de longueur sur 4 de largeur.

L'hylotome du Rosier fait son apparition du 15 juillet à la fin d'août, époque de son accouplement et de sa ponte. Il a le vol lourd et se laisse prendre facilement lorsqu'il est fixé contre le bourgeon.

Au moment de sa ponte, il se place contre l'épiderme d'un bourgeon de Rosier, la tête en bas, et, au moyen de sa scie, il entame l'écorce pour y déposer un œuf; il descend un peu et recommence, en ménageant entre chaque œuf une petite cloison formée par les fibres de l'écorce.

Chaque bourgeon porte, en moyenne, vingt œufs, quoique nous en ayons observé qui en portaient cinquante. Ces œufs (ou plutôt ces graines) renfermant une jeune larve, sont au nombre de cinq par longueur de 1 centimètre, et sont placés obliquement dans de petites cellules, la tête de la larve en dehors, près de l'orifice, en sorte qu'au bout de dix jours on distingue cette tête et les deux yeux, ainsi que les six petites pattes marquées par des points noirs.

A la ponte, les œufs mesurent 1 millimètre de longueur, au vingtième jour 1 1/2; ils sont d'un jaune clair un peu terne. C'est alors le moment où la jeune larve se dispose à sortir.

Chaque mouche ne quitte le Rosier qu'après avoir effectué sa ponte sur deux et quelquefois sur quatre bourgeons du même arbuste. Souvent elle meurt aussitôt après, et tombe au-dessous de la partie où elle a déposé ses œufs, comme nous l'avons bien observé depuis plusieurs années.

C'est toujours sur les Rosiers en pleine végétation que cette mouche se fixe, et, par un instinct de prévoyance admirable, elle dépose ses œufs à quelques centimètres du sommet des bourgeons, de manière que les jeunes larves trouvent à leur portée des feuilles tendres pour leur nourriture. De plus, nous avons remarqué que la mouche donne un trait de scie sur le côté de l'épiderme qui s'étend dans le sens de la longueur des cellules où se trouvent les œufs, afin d'arrêter sur ce point la circulation de la séve qui, sans cette précaution, les recouvrirait. Un signe important de la présence de l'hylotome sur les Rosiers est la forme courbée que prend chaque bourgeon qui renferme des œufs, puis, au bout de cinq

jours, la noirceur de l'épiderme, sans que cependant la végétation soit complètement arrêtée.

L'éclosion s'opère du vingtième au vingt-cinquième jour,
et les jeunes larves se succèdent pendant trois jours. A leur
sortie, elles mesurent 3 millimètres de long et sont d'un blanc
mat, surtout sur le corps; le petit cocon ou gaîne reste dans
chaque cellule.

Les larves se répandent sur les jeunes feuilles des bourgeons qu'elles attaquent par les bords du limbe, ne laissant
que les nervures. Au bout de quelques jours les diverses
parties du corps se colorent, la tête devient noire ainsi que
les six pattes, et leur épiderme est marqué de petits points
noirs; la croissance est en moyenne de 5 millimètres en neuf
jours.

Après le vingtième jour, les larves mesurent 16 millimètres de longueur sur 1 1/2 de largeur ; la tête prend sa couleur
jaune avec les deux yeux noirs. Les mandibules deviennent
brunes, les trois paires de pattes d'un blanc rosé, ainsi que les
fausses pattes et le dessous du ventre. L'épiderme du dos,
d'un beau vert, est marqué sur sa longueur de jaune et de
points noirs. Les fausses pattes se trouvent chargées de petits
faisceaux de soie.

A ce moment, les larves descendent du sommet des bourgeons, pour rechercher dans les vieilles feuilles du Rosier une
nourriture plus substantielle.

Lorsque ces larves ont atteint les deux tiers de leur croissance, elles subissent une mue, en se dépouillant de leur
peau primitive pour se parer d'une nouvelle robe beaucoup
plus riche en couleurs. Profitant de l'humidité de la nuit et
de la rosée qui a humecté leur épiderme, elles se dépouillent
en commençant par la tête, et par des mouvements répétés,
en s'allongeant et en se raccourcissant, elles font glisser
d'anneaux en anneaux cette pellicule qui finit par se dégager
aux extrémités de l'abdomen. A ce moment, la larve paraît

unicolore, c'est-à-dire que toutes les parties du corps laissent à peine apercevoir les couleurs qui restent imprégnées dans la peau dont la larve s'est débarrassée. Mais au bout de deux heures, pendant lesquelles le corps de la larve est resté frappé par la lumière, il reprend comme par enchantement son coloris si riche. Ce changement s'opère toujours au lever du soleil.

Enfin, au bout de trente jours, la larve atteint le maximum de sa croissance : sa longueur est de 22 millimètres sur 3 de diamètre ; c'est alors que, suspendue à un fil qu'elle sécrète elle-même, elle se laisse glisser à terre jusque sous le Rosier et y pénètre à 10 ou 16 centimètres. Là elle s'occupe à fabriquer un cocon a mailles très-serrées, qui doit la garantir contre l'humidité. Ce cocon, mesurant 10 millimètres de longueur sur 4 de largeur, de couleur gris jaunâtre, est à mailles rondes, irrégulières et traversées par des fibres d'une grande ténuité. Comme cette première enveloppe est insuffisante, la larve en fabrique une deuxième à tissu beaucoup plus fin, dont elle s'enveloppe et qu'elle superpose à la première.

Nous avons déchiré un de ces cocons, dont les fibres présentent une grande résistance, et nous avons trouvé la larve ployée en deux, la tête venant se joindre au dernier anneau.

Nous avons encore observé que chaque cocon présente un tiers de sa longueur qui reste libre ; cette place est ménagée par la larve pour opérer sa transformation en insecte parfait, et aussi pour ménager ses mouvements de rotation en se laissant glisser sur elle-même au moyen de ses anneaux qu'elle appuie contre les parois du cocon, ce qui lui permet de changer de position pour travailler.

Lorsque la mouche à scie du Rosier a terminé son cocon, elle subit lentement sa métamorphose en nymphe, pour reparaître aux mois de mai et de juin sur les Rosiers, s'accoupler et donner naissance à une nouvelle génération. Ces

mouches sont faciles à prendre à l'époque de leur apparition;
on peut alors les détruire en grande quantité, mais le moyen
le plus rationnel, c'est de couper et de ramasser avec soin les
bourgeons courbés où sont déposés les œufs, pour les brûler
ensuite.

Du hanneton et de sa larve (Melolontha vulgaris, Fabri-
cius). — Tout le monde connaît le hanneton (fig. 29 et 30),
mais tout le monde ignore l'importance des ravages causés
par les larves de cet insecte, nommées vers blancs. Aujour-

Fig. 29. — Hanneton mâle.   Fig. 30. — Hanneton femelle.

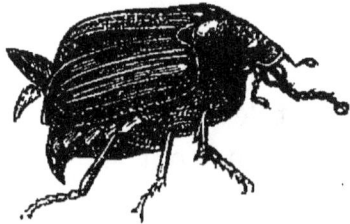

d'hui l'on estime à un milliard les pertes qu'il occasionne en
France pendant la période de trois ans qu'il vit sous terre.

D'autres variétés du hanneton commun, tel que les *Melolontha hippocastani, albida œquinoxialis, solsticialis
œstiva,* sont très-nuisibles dans certaines localités. C'est
ainsi que nous avons vu des pelouses d'une grande étendue,
détruites par des vers blancs plus petits que le commun, et
dont le nombre s'élevait à cent cinquante par mètre carré :
ce fait a été observé en 1864, à Ivry, près Paris.

Cette apparition des hannetons coïncide avec celle des
loirs ; ils se montrent vers l'époque de la floraison des arbres,
et toujours après la première pousse des feuilles.

Cette apparition n'est point instantanée ; des circonstances de température locale, et surtout le plus ou moins d'avancement dans les phases de la transformation, font qu'il peut y avoir un mois d'intervalle entre la sortie des premiers hannetons et celle des derniers.

Si la température vient contrarier la sortie des premiers, on les voit rentrer en terre souvent par les mêmes galeries.

A peine le hanneton a-t-il déployé ses ailes pour la première fois, qu'il s'accroche aux feuilles des arbres dont il se nourrit. Au crépuscule, et pendant la première partie de la nuit, et souvent par les journées sombres, on le voit voler de çà, de là ; emporté dans un vol lourd, irrégulier, indécis, il se heurte comme un aveugle aux obstacles qu'il rencontre, tombe à terre, se relève et reprend étourdiment sa course aventureuse.

L'accouplement a lieu dans les derniers jours d'avril et pendant le mois de mai. Les hannetons qui s'accouplent à cette époque sont les retardataires que la température locale ou un arrêt dans la transformation ont empêché de sortir en même temps que les autres ; quelquefois on voit des femelles jusqu'à la fin de juin : ce sont celles qui n'ont pas été fécondées et dont l'existence se trouve ainsi prolongée.

Le mâle féconde plusieurs femelles, et l'accouplement est très-intime, car en essayant de séparer le mâle de la femelle, on éprouve une résistance due à la forme du pénis qui est terminé par une sorte de pince, de matière cornée ; il semblerait même que la séparation ne peut pas toujours se faire naturellement, car on rencontre sous les arbres beaucoup de couples morts sans s'être disjoints.

Quelque temps après l'accouplement, le corps de la femelle se gonfle, son vol est plus lourd ; elle s'accroche aux feuilles des arbrisseaux et des vignes ; enfin elle se laisse tomber à terre dans le voisinage d'une plante dont les racines serviront de première nourriture aux jeunes larves.

Une fois à terre, la femelle creuse un trou de 7 à 10 centimètres de profondeur, au fond duquel elle dépose de sept à
huit œufs ; puis elle sort pour prendre sa nourriture pendant
le jour et recommencer une nouvelle ponte quelques jours
plus tard, et souvent meurt sur ses œufs à la dernière ponte.
En moyenne, la femelle du hanneton pond de seize à vingt
œufs dispersés par groupes de sept à huit, que l'on rencontre au mois de juillet, au pied des Fraisiers et d'autres
plantes.

L'œuf du hanneton est couleur blanc mat, de forme ovale
très-régulière, et a de 2 à 3 millimètres à son plus gros diamètre.

L'éclosion a lieu cinquante jours après la ponte, c'est-à-dire
dans les premiers jours de juillet. A sa naissance la larve a
5 millimètres de longueur sur 1 millimètre de diamètre ;
sa couleur est d'un blanc transparent ou blanc sale ; la tête
et les pattes sont couleur jaune pâle clair ; les mandibules
déjà résistantes sont noires. Au bout de quinze jours, les
dimensions sont à peu près doubles ; l'intestin rempli de
matière noire est visible. A la sortie de l'œuf, la larve
cherche sa nourriture dans les racines qui sont près du nid.

Ces larves vivent par groupes jusqu'au mois de septembre ;
à cette époque on les trouve isolées, excepté au pied de
quelques plantes vigoureuses. Dans les mois d'octobre et novembre, selon que les froids sont plus ou moins intenses, le
ver blanc s'enfonce par une galerie dont la profondeur varie
de 45 centimètres à 1 mètre, et va établir son quartier d'hiver
sous la souche des arbres et sous les grosses racines, où il
trouve sa nourriture.

Au mois de décembre 1868, nous avons compté jusqu'à
soixante vers blancs sous la souche d'un Cerisier mort. A sa
rentrée sous terre, il mesure 2 centimètres de longueur sur
5 millimètres de diamètre.

Chaque hiver, le ver blanc subit une mue ; puis, au printemps, guidé par la douce température, il se rapproche de la surface du sol, où il exerce en grand ses ravages.

Dans cette première période, sa croissance est très-rapide : à onze mois, il a 33 millimètres de longueur sur 6 millimètres

Fig. 31. — Larve de hanneton.

Fig. 32. — Larve de hanneton.

de diamètre ; à douze mois, 40 millimètres sur 8 de diamètre ; à dix-sept mois, 52 millimètres sur 12 de diamètre. Le développement *maximum* est alors atteint, et le corps se couvre de petits poils roux.

Fig. 33. — Larve de hanneton.

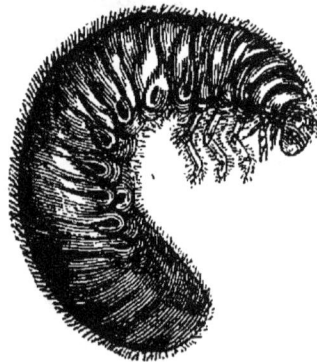

Fig. 34. — Larve de hanneton.

Pendant les trois ans qu'il exerce ses ravages, les froids de l'hiver l'obligent de s'enfoncer en terre jusqu'au moment de sa transformation à l'état d'insecte parfait.

La larve du hanneton, comme toutes les larves des insectes, est un être fort incomplet, doué de très-peu de facultés, mais ayant une force vitale très-grande.

Le ver blanc ne marche pas dans le sens littéral du mot : il s'avance, posé sur le côté en ployant et développant successivement son corps arrondi en anneaux ; pour creuser sa galerie, il se replie sur lui-même ; la partie dorsale, se redressant fait ressort ; la partie postérieure sert de point d'appui, et la tête est poussée en avant ; les mandibules brisent la terre, les pattes la repoussent de côté, et le corps se tournant en tous sens, comprime et lisse les parois ; c'est ainsi qu'une larve peut creuser en terre ordinaire 50 centimètres de galerie en une heure.

Quand l'animal cherche sa nourriture, les galeries sont horizontales ou très-peu inclinées ; quand il s'enfonce en terre pour hiverner ou se transformer, il le fait par une galerie ou puits vertical, quelquefois formé de plusieurs lignes brisées, d'autres fois dirigées en courbes légères. C'est au fond de ces galeries verticales que se trouvent les coques ou capsules dans lesquelles s'opère la métamorphose.

Cette transformation s'opère dans ce réduit pendant l'hiver ; la larve se change en nymphe en se dépouillant de sa peau, qu'elle laisse au fond de la capsule. Quelquefois on rencontre sous terre des hannetons, en janvier et février, dont l'état de transformation est très-avancé.

Le ver blanc n'est pas difficile dans le choix de sa nourriture ; il mange de toutes les racines, quoiqu'il y en ait qu'il préfère à d'autres, comme celles des Fraisiers et des Rosiers ; mais nous l'avons rencontré dans les racines de Chiendent, Poireaux, Persil, Oseille, Salade, Gazon, Sainte-Lucie, et particulièrement au pied des jeunes Cèdres.

C'est donc en raison de sa préférence pour certaines racines que les cultivateurs de Rosiers plantent et sèment des Laitues et des Romaines, pour attirer le ver blanc à la surface du sol, afin de le détruire en reconnaissant sa présence par les feuilles flétries des Salades.

En ce qui concerne les engrais insecticides, j'en ai reconnu, après une expérimentation de plusieurs années, l'inefficacité, ou plutôt l'impuissance absolue.

La larve du hanneton est douée d'une vitalité surprenante. Immergée pendant quinze jours dans l'eau, elle y est restée vivante; après l'avoir enfermée pendant un mois dans la terre sèche, je l'y ai retrouvée pleine de vie; soumise à des immersions de sulfate de cuivre, elle a résisté; plongée dans le phénol de soude, elle y a parfaitement vécu; enfin, l'engrais de poisson à base de soude, employé contre la larve pendant quatre semaines, n'a pas produit le moindre résultat.

Il n'y a donc que la chaleur et le froid qui puissent les détruire. Ainsi, un seul degré de froid les tue, et, soumises aux rayons solaires pendant 15 minutes, elles meurent.

Nous en reviendrons donc à notre premier conseil : attaquer les jeunes larves, la première année, lorsqu'elles sont réunies par groupes. Mais le moyen de destruction le plus sûr, c'est, le matin et le jour pendant leur sommeil, de ramasser les hannetons dès leur apparition; on les précipite dans des baquets remplis d'eau de chaux, soit pure, soit mélangée à 1 dixième d'huile de pétrole ou d'huile commune; aussitôt après l'asphyxie, qui a lieu en très-peu de temps, on les enterre.

Des insectes utiles. — S'il est des insectes qui sont nuisibles à la culture, et qui, par leurs ravages, contrarient les travaux du jardinier ou ruinent ses espérances, il en est d'autres qui font contrepoids au mal causé par les premiers, et qui ont droit à tous nos égards.

Dans ce nombre se trouvent : la cicendelle, insecte à élytres bronzées, très-carnivore; le carabe doré, ou jardinière; le gros carabe noir, ou sycophante, qui se tient dans les bordures de buis ou au pied des murs; la coccinelle ou bête à Dieu, dont la larve dévore jusqu'à cinquante pucerons par jour; elle se tient ordinairement sous la feuille du Tilleul; les ichneumons, qui détruisent les larves et les pucerons; le fossoyeur ou nécrophore.

Qu'on me permette de rapporter ici un fait que j'ai observé dans un de mes jardins, à Vitry. Une taupe prise à un piége avait été jetée dans une allée; bientôt deux nécrophores arrivèrent et commencèrent à creuser le sol sous la taupe; mais ce sol était très-dur, et le travail n'allait pas vite; vers le soir, un renfort de trois nécrophores vint à l'aide des premiers travailleurs. Le lendemain matin, plus de traces de la taupe dans l'allée; mais, à 50 centimètres de la place occupée la veille, et au bord de la plate-bande, je vis un petit monticule de terre. C'était ma taupe; les nécrophores trouvant le sol de l'allée trop dur, avaient transporté leur proie sur une terre plus meuble, l'y avaient enterrée, et après l'avoir dépouillée de son poil, se préparaient à déposer dans le cadavre leurs œufs, d'où sortiront des larves qui trouveront en naissant la nourriture à leur portée.

La grenouille de rosée, le crapaud consomment beaucoup de vers et de petites limaces.

Les chouettes, les chauves-souris se nourrissent d'insectes nocturnes; enfin les petits oiseaux qui égayent nos habitations par leurs chants joyeux payent l'hospitalité que nous leur donnons en nous débarrassant de leur mieux d'insectes et de larves.

De la mouche syrphe, syrphus pyrastri (de l'ordre des diptères). — Cette mouche mérite une mention particulière parmi les insectes utiles; sa larve vit de pucerons dont elle fait sa nourriture. C'est ordinairement dans les premiers jours d'avril, lorsque les pucerons commencent à paraître sur les Rosiers, que l'on remarque cette mouche de la forme d'un taon, planant autour des bourgeons qui sont chargés de pucerons. La vibration de ses ailes est tellement rapide, que l'œil a de la peine à percevoir ses mouvements; d'autres fois, on la remarque posée sur les feuilles, et on la voit disparaître au moindre bruit.

Cette mouche mesure 11 millimètres de longueur sur 5 millimètres de diamètre, membrée de six pattes dont les deux supérieures sont insérées près du col, et les quatre autres placées sur le même point à la base du thorax ; elles sont noires au sommet des cuisses, et jaunes au milieu, portant chacune cinq articles ; la tête est très-grosse avec une facette blanche au milieu, et sur laquelle on remarque deux antennes sous forme de massues, d'un brun noir, avec deux petits filaments qui les accompagnent ; thorax noir ainsi que le dos, qui est marqué de trois bandes blanches qui diminuent de grandeur vers la base de l'abdomen ; le ventre est plat et est marqué de quatre bandes transversales blanches et deux longitudinales placées sur les côtés ; deux ailes membraneuses de même longueur que le corps.

La femelle, prévoyante pour sa postérité, dépose ses œufs sur les feuilles des Rosiers chargés de pucerons ; sa ponte a lieu depuis les premiers jours d'avril et se continue jusqu'en septembre au moyen des générations qui se succèdent. Chaque femelle peut produire dix-huit à vingt œufs en quelques jours ; l'œuf est d'un blanc de neige, de forme ovoïde ; il mesure 1 millimètre de long sur un demi de diamètre ; la femelle le fixe au limbe d'une feuille au moyen d'une matière visqueuse. Les œufs que nous avons observés le 6 avril ont donné naissance à des jeunes larves, du 18 au 20 du même mois. A la sortie de l'œuf, l'épiderme est d'un blanc mat portant des stries brunes à la partie postérieure du dos ; sa longueur est de 3 millimètres sur 1 de diamètre, et ce n'est qu'en grandissant que l'épiderme prend sa couleur définitive qui la caractérise ; alors son corps est vert clair partagé par une bande jaune sur le milieu du corps, et marqué de petits points noirs sur les côtés ; tête allongée en forme de trompe, laissant voir un dard noir à travers la transparence de l'épiderme ; ce dard se divise en embranchement et sert à éventrer les pucerons dont elle

10

fait sa nourriture; sept paires de mamelons figurant les pattes.

Sa locomotion s'effectue difficilement; elle se fixe par la tête, puis son corps se courbe et avance par la force d'attraction de la tête. Cette larve a la faculté de se dresser sur sa partie postérieure en allongeant son corps pour chercher le puceron qu'elle perce de son dard, l'enlève en l'air et lui suce toute la matière qu'il a dans le corps, puis se débarrasse de la peau et va à la recherche d'autres pucerons. Sa gloutonnerie est tellement grande, que nous l'avons vue sucer six pucerons en moins de sept minutes; un puceron est dévoré en quatre-vingts secondes, et du moment qu'elle est rassasiée, elle se fixe sous le limbe d'une feuille pour faire sa digestion, où il est curieux de voir les pucerons lui marcher sur le corps, sans qu'elle se dérange; du jour de sa naissance elle met trente jours avant de se métamorphoser. Arrivée à son plus grand développement, elle mesure 15 millimètres de longueur sur 3 de diamètre.

Pour se transformer, elle se fixe par la tête au limbe d'une feuille par un fil soyeux, puis son corps se raccourcit et s'arrondit vers la base; l'épiderme prend une teinte bronzée; la bande jaune qui partage le corps disparaît; les sept paires de mamelons sont enveloppées par une gaîne formée de l'épiderme; l'ensemble forme un petit cocon arrondi à la base et légèrement pointu au sommet, mesurant 8 millimètres de long sur 2 de diamètre. Ce cocon devient couleur bronze foncé à mesure que le temps de la métamorphose approche; d'autres, au contraire, sont d'un blanc mat transparent et plus petits; il est possible que ces derniers donnent naissance aux mouches mâles, car ils sont moins nombreux que les premiers.

Après vingt-cinq jours, l'insecte brise l'enveloppe du cocon et prend son vol pour s'accoupler de nouveau, et meurt après avoir donné naissance à une nouvelle génération; enfin les larves de la dernière ponte donnent naissance aux mouches qui passent l'hiver au milieu des feuilles sèches et autres abris, pour ne s'accoupler que lorsque la température leur permet de sortir, ce qui a lieu vers la fin de mars et les premiers jours d'avril.

La larve du Syrphe, si utile au jardinier, a pour ennemi direct et acharné un ichneumon dont voici les caractères : corps effilé, long de 8 millimètres; ventre jaune marqué de points sphériques de même couleur; tête jaune; deux antennes brunes; yeux noirs très-saillants; mandibules jaune orange; trois paires de pattes, la première paire insérée à la partie supérieure de la poitrine, les deux autres à la base de l'estomac; les pattes marquées de brun à la dernière articulation et sur le milieu des cuisses; ailes membraneuses, de couleur claire et de même longueur que le corps. La femelle porte à la base de l'abdomen une petite tarière.

Cet ichneumon est d'une agilité remarquable; on le voit toujours en chasse, et dès qu'il a découvert une larve, il fait deux ou trois tours autour d'elle, comme pour reconnaître le point où il doit la frapper; puis il se précipite sur elle, lui donne un coup de tarière, ordinairement du côté droit, à la base de l'abdomen, dépose un œuf, puis va chercher une autre victime.

La pauvre larve blessée se retire à l'écart sous une feuille; son corps se raccourcit, se gonfle à la base; sa couleur passe du blanc sale au rose cuivré, et elle meurt pour laisser vivre le ver parasite. Au bout de vingt jours, celui-ci est devenu insecte parfait; il perce l'enveloppe, sort sous forme de mouche, exerce un instant ses ailes, prend son vol, va s'accoupler, pour commencer ensuite le carnage des larves.

Destruction des mousses sur les branches de Rosier. — Ces mousses ou lichens, de couleur jaune et souvent gris verdâtre, se développent assez rapidement sur les Rosiers plantés en terre forte et humide, et souvent aussi sur les

Églantiers, après trois ou quatre ans de plantation en terre légère. Un tuteur pourri et garni de mousse suffit pour la communiquer au Rosier.

Ces parasites sont faciles à détruire : pour cela on fait éteindre doucement 1 kilogr. de chaux dans 8 litres d'eau, ce qui donne un liquide laiteux avec lequel on badigeonne les Rosiers; la mousse rougit et tombe au bout de peu de jours, entraînant avec elle les lamelles de la vieille écorce. L'arbre se trouve rajeuni, débarrassé des mousses et aussi de bon nombre de larves et d'œufs d'insectes.

Cette opération se fait de décembre à février, et son action se fait sentir pendant trois ou quatre ans.

Comme bien des amateurs n'aiment pas à voir leurs Rosiers vêtus de blanc, on peut, au lieu de lait de chaux, employer l'eau de chaux qui se prépare de la même manière, mais à l'avance, pour que la chaux ait le temps de déposer dans le fond du vase.

Au lieu de chaux on peut employer le ciment de Pouilly frais, dans la proportion de 1 kilogr. 500 gr. par 10 litres d'eau, et appliquer le liquide soit au pinceau, soit avec la seringue, soit avec la pompe à main.

Du blanc ou meunier (érysiphés). — Ce cryptogame paraît depuis le milieu de l'été jusqu'aux gelées ; il se présente sous forme de filaments blancs, qui envahissent les feuilles, les bourgeons et les ovaires, en recouvrant leur épiderme d'une manière assez irrégulière. Les feuilles envahies par le blanc se cloquent, sèchent et tombent.

J'ai constaté que l'invasion de cette maladie se déclarait instantanément dans les étés secs et chauds; que les Rosiers exposés au midi et au couchant, et surtout ceux rapprochés des murs, étaient les premiers atteints; enfin que les variétés les premières envahies étaient le Géant des Batailles, Caroline de Sansal et le Lion des Combats.

On détruit le blanc en saupoudrant les Rosiers avec de la fleur de soufre aussitôt l'apparition des sporules sur les feuilles, et on répète cette opération trois fois. Si le mal se développe, on coupe les branches envahies et on les brûle.

Pour garantir les jeunes semis il faut, aussitôt que les premières feuilles sont ouvertes, saupoudrer le carré avec de la fleur de soufre ; le soufre tombé à terre agit comme celui qui adhère aux plantes, car son action est due tout entière au faible dégagement d'acide sulfureux qui a lieu à la température ordinaire.

Chancre du Rosier. — Le Rosier est souvent attaqué par le chancre, maladie qui se développe tantôt à la suite d'une contusion reçue par la plante, tantôt après les plaies provenant du frottement des branches entre elles, souvent aussi après la piqûre d'un insecte qui a déposé ses œufs sous l'épiderme, œufs d'où sortent des larves qui désorganisent les tissus. Dans tous les cas, il faut nettoyer la plaie à fond, chercher à détruire les larves, parer les bords de l'écorce jusqu'au vif et enduire toute la plaie de cire à greffer appliquée tiède.

TABLE DES MATIÈRES.

FIN DE LA TABLE DES MATIÈRES.

EXTRAIT DU CATALOGUE DE LA LIBRAIRIE AGRICOLE

Journal d'Agriculture pratique. Rédacteur en chef, M. Ed. LECOUTEUX. — Une livraison de 48 pages in-8, paraissant tous les jeudis, avec de nombreuses gravures noires. — Un an (France et Algérie) . . . . 20 fr.

Revue horticole. Rédacteur en chef, M. E.-A. CARRIÈRE. — Un numéro de 24 pages in-8, avec gravures coloriées et gravures noires, paraissant les 1er et 16 de chaque mois. — Un an . . . . 20 fr.

Maison rustique du XIXᵉ siècle, par BAILLY, BIXIO et MALPEIRE, 5 vol. grand in-8, de plus de 3,000 pages et 2,500 gravures. . . . . 39 fr. 50

Bon Fermier (Le), par BARRAL, avec revue de l'année écoulée par DE CÉRIS, GAYOT, HEUZÉ, etc., in-18 de 1,500 pages et 100 gravures. . . . . 7 fr.

Bon Jardinier (Le), Almanach horticole, par MM. POITEAU, VILMORIN, BAILLY, NAUDIN, NEUMANN, PEPIN. 1 vol. in-12 de 1,610 pages. . . . . . . 7 fr.

Gravures de l'almanach du bon jardinier. 23e édition. 1 vol. in-12 de 600 pages, avec 680 gravures et planches. . . . . 7 fr.

Les Fleurs de pleine terre, par VILMORIN-ANDRIEUX ET Cie. 3e édition. 1 fort vol. in-12 de 1,564 pages, 1,300 gravures et planches. . . . . 12 fr.

Flore élémentaire des jardins et des champs, par E. LE MAOUT et J. DECAISNE. 2 vol. de 940 pages. . . . . 9 fr.

Le Jardin potager, par P. JOIGNEAUX; ouvrage illustré de 95 dessins en couleur, intercalés dans le texte. 1 beau vol. in-18 de 482 pages. . . . . 6 fr.

Plantes, Arbres et Arbustes (Manuel général des). Description et culture de 25,000 plantes indigènes d'Europe ou cultivées dans les serres par MM. HÉRINCQ et JACQUES, ex-jardinier en chef du domaine royal de Neuilly pour les trois premiers volumes, et DUCHARTRE pour le quatrième volume. 4 vol. in-18 à 2 colonnes. . . . . 36 fr.

BIBLIOTHÈQUE DU JARDINIER

19 VOLUMES IN-18, A 1 FR. 25 LE VOLUME

Arbres fruitiers. Taille et mise à fruit, par PUVIS. 167 pages.

Arbres d'ornement de pleine terre, par DUPUIS. 162 pages et 40 grav.

Arbrisseaux et Arbustes d'ornement de pleine terre, par DUPUIS. 122 pages et 25 grav.

Asperge. Culture, par LOISEL. 108 pages et 8 grav.

Cactées, par CH. LEMAIRE. 140 pages et 11 grav.

Conférences sur le jardinage et la culture des arbres fruitiers, par JOIGNEAUX. 144 pages.

Conifères de pleine terre, par DUPUIS. 156 pages et 47 grav.

Culture maraîchère pour le midi et le centre de la France. par A. DUMAS. 232 pages.

Melon, Nouvelle méthode de le cultiver, par LOISEL. 108 pages et 7 gravures.

Orchidées (Les), par DELCHEVALERIE. 134 pages et 32 grav.

Pelargonium (Le), par THIBAUT. 2e édition. 116 pages et 10 grav.

Pépinières (Les), par CARRIÈRE. 134 pages et 29 grav.

Plantes bulbeuses, espèces, races et variétés, par BOSSIN. 2 vol. ensemble de 324 pages.

Plantes grasses autres que Cactées, par CH. LEMAIRE. 136 pages et 13 grav.

Plantes de serre chaude et tempérée, par DELCHEVALERIE. 156 pages et 9 grav.

Potager (Le), jardin du cultivateur, par NAUDIN. 180 pages et 34 grav.

Roses, Pensées, Violettes, Primevères, Auricules, Balsamines, Pétunias, Pivoines, Verveines, par MARX-LEPELLETIER. 116 pages.

Rosier (Le), par LACHAUME. 180 pages et 34 grav.

Paris. — Typographie Georges Chamerot, rue des Saints-Pères, 19.

www.ingramcontent.com/pod-product-compliance
Lightning Source LLC
Chambersburg PA
CBHW060555210326
41519CB00014B/3483